天下文化
BELIEVE IN READING

五項修練的故事

|合訂版|

大衛‧哈欽斯——著
David Hutchens

巴比‧龔伯特——插畫
Bobby Gombert

劉兆岩、郭進隆——譯

David Hutchens' Learning Fables

Wolves

Lemmings

Neanderthal

Iceberg

Volcano

目 錄

推薦序
給年輕人一扇窗

洪蘭

　　這本故事集我非常喜歡，誰說讀書一定要正襟危坐才能讀得進去，書本一定要寫得艱深難懂才是有學問呢？這本書在滑稽幽默中點出大道理，它的效果比長篇大論的說教還好，因為它生動、有趣，孩子不會排斥，在不知不覺中把道理聽進去了。

　　在這本書中，我最喜歡〈比狼學得快〉這個故事。狼會吃羊，這是天經地義，所以羊會接受這個事實，因此一些沒有思想的羊就會任由命運安排、逆來順受，認為在劫難逃，不求改變。但是假如你不服輸、勇於挑戰，你的命運就可能改變。這本書告訴我們光是改變做事的方法是不夠的，必須改變觀察和思考的方式才有用。所以，第一要先設定目標，不要再有羊因狼而死掉，第二挑戰教條，羊一定要被狼吃

嗎？第三，蒐集資料，盡量蒐集與狼有關的訊息，彼此分享再集思廣益。福爾摩斯說「數據，數據，沒有數據的推理是罪惡」，羊蒐集了數據後便發現下雨天羊不會短少，只有晴天狼才吃羊，經過觀察，結果發現天旱無水時狼會從經過河床上的鐵絲網下面鑽進來吃羊，下雨時水流湍急就不會，因此只要把石頭堵住河床那一段的鐵絲網，羊就安全了。這個故事很生動地教會了孩子科學思考的方式：觀察、假設、求證、解決問題。

〈旅鼠的困境〉也是一樣有大道理，大部分的人習慣盲從，只會人云亦云，只有少部分人會想辦法掙脫傳統的束縛，開創新天地。我們國旗歌中，有一句「毋故步自封」，為什麼國旗歌要警告全國國民不要故步自封？這句話到我出社會工作後，才深深感覺到人們是多麼安於現狀、不求改進，而且自己不做還會阻撓別人做，人往往對企圖改進的人戴上大帽子，例如「四大寇」、「敗家子」。也幸好有這些不安於現狀的人，人類文明才得以進步。這個故事告訴我們人一定要隨時隨地有勇氣超越自我，生命才有延續的價值。

〈洞穴人的陰影〉就更有意思了！很多人一輩子就像洞穴人一樣，不了解自己的無知，因為不知道自己無知，所以

對自己很滿意。最糟的是，他們也不許別人有知識，不准出去看，大家都背對著洞口坐，像鴕鳥一樣，頭埋在沙裡，眼不見為淨。只要沒有人唱反調，就可以假裝它不存在；如果有人不識相、敢去提，便說他是唱衰台灣、不愛台灣，是中共的同路人。帽子一戴，所有人都閉嘴，大家又苟且生活下去，這是多麼可怕的心智模式。

　　目前，社會上不知有多少現象，政府都是以這種方式去處理。例如，現在國小學生中，七個孩子中已經有一個是外籍新娘所生，但是政府至今沒有一套措施來幫助這些可憐的母子，而且還稱自己國民的媽媽「外籍新娘」，真是令人不可思議。這些孩子再過十年就會進入社會，成為我們養老金的提供者，人無遠見必有近憂。這個故事對沒有世界觀、只想關起門來做皇帝的官員來說，是個必讀的故事。

　　第四個故事是〈冰山的一角〉，企鵝無法潛水到深海去撈蛤蜊，於是引進「外勞」，請海象幫忙。一開始很好，但後來人口愈來愈多，地狹人稠，衝突就產生了。寫備忘錄，訂條約都無濟於事，因為現實的需求大於公民道德的理想，最後只有借重系統思考，從全新的角度出發，才避免坐以待斃。人類社會是很複雜的，它綿密的網絡牽一髮而動全身，

只有承認看似不同的東西會彼此相互影響，才可能避免傾軋，只有用系統的方式思考時才會周延，問題才得以釐清。系統思考能力應該是國民必備的能力，以台灣目前社會的亂象看來，必須跳出傳統的線性思考，台灣才會有前途。

做過主管的人都知道，溝通是最困難的事情，每個人的背景知識不同，由背景知識所引申的解釋就不同。日本片《羅生門》就是一個很好的例子，同樣一件強暴案，三個目擊者的解釋都不相同。因誤會而產生的藩籬，連生死這種大事都穿不透。我一直想找個比喻，讓學生了解溝通的本質，看到〈聆聽火山的聲音〉不禁拍案叫絕，這就是我一直想找的故事。

在第五個故事〈聆聽火山的聲音〉這則寓言中，住在火山下村莊的人所說的話，會像字一樣出現在空中，然後掉下來。當辯論時，話愈說愈多，字也愈堆愈高，兩人中間就築起了一道牆，到最後牆比人高，互相望不見，溝通就斷絕了。這道牆築得這麼快，因為人不大能傾聽別人說話。在心理學上有許多實驗，透過情境的操弄，受試者聽到了實驗者希望他聽到的話，而且信心滿滿，確信他聽到的就是這句話。當實驗完畢，我們把這句話重新播放給受試者聽時，他

們都目瞪口呆，不能相信自己怎麼會誤聽得這麼離譜。因此，念過心理學的人都知道：「眼見不為真」，我們看到的是後天認知的解釋。

了解到這點之後，人們比較能捐棄成見，虛心聆聽別人說話而產生共識，共識就是兩者之間的橋梁。有了橋，全村的村民就可以平安到達火山威脅不到的安全地帶，把問題解決了。在歷史上，危機發生時，一定有主戰派和主和派兩派辯論，我們看到敵人尚未打來，自己內部就分裂了，最後生民塗炭，國家滅亡。如果萬眾一心，就像這個故事的最後結尾一樣，有了橋，還有什麼地方到達不了呢？

這是一個寓意很深的故事，古人說：「君子一言，駟馬難追」，人說出來的話會像書中所說的，在空中形成字、傷害別人，最後形成隔閡，君子怎能不謹言慎行呢？

這本書我認為非常值得看，小故事中的大道理，才是最能感動人的。

（本文作者為中央大學認知神經科學研究所講座教授）

比狼學得快

如何在學習型組織中生存和發展

譯者導讀

你是狼，還是羊？

劉兆岩

　　〈比狼學得快〉這個故事的出版，還真的很像故事中那群羊的學習。我與好友郭進隆先生拿到這個故事的英文版時都雀躍不已，好不容易盼到學習型組織的叢書中，有了一本既簡單又生動，而且可以正確說明學習型組織觀念的書，遠見天下出版公司也願意積極出版，因而促成了本書的問世。這一切恰恰像極了每隻羊雖然各有不同的能力及目標，卻同心協力將這些能力與意願有效地整合起來！

　　這幾年來，我們在許多不同的場合，和許多人分享〈比狼學得快〉的故事，都得到了很多的回響，甚至有許多人產生了很大的共鳴，大家都很佩服奧圖的願景和小羊麻里葉塔的勇氣，而且總是會追問，在我們的組織中，誰是有願景的奧圖？誰又是敢於提出挑戰的小羊麻里葉塔？經過一陣沉

默，開始有人說出心裡的話，啟動組織真正的學習。

〈比狼學得快〉的故事清楚點出，個人學習與組織學習最大的不同之處，就在於組織的學習需要成員之間的協同運作與整體搭配。本書將這難以訴諸文字的概念，透過一個羊群的學習故事清楚表達出來。在組織中工作的我們，極需要透過一個媒介來了解組織的整體運作，本書能發揮此一神奇的效用，藉由寓言故事幫助組織突破學習的障礙。

這個故事非常適合工作團隊或組織在會議之前共同閱讀，有了故事的啟發，與會者往往能有效溝通，思考更整體的工作與學習方式。如果你想要讓組織學習的文化更能落實在工作中，建議你仔細閱讀故事後面的相關說明。如果你喜歡《第五項修練》的管理方式，又找不到與同仁討論的方法，本書將會是你的最佳選擇。

在一次訓練課程中，我分享了這個故事。至今令我印象深刻的是，有人問了這樣一個問題：「我們為什麼要當學習型的羊群，為什麼不直接向狼學習？」當你看完本書後，我很想問你，你是狼，還是羊呢？

（本文作者為羿白國際管理顧問公司總經理）

第 1 話

狼吃羊
有問題嗎？

這是一隻狼。

這是一隻羊。

狼吃羊。

有問題嗎？

狼一直都是吃羊的，將來還是會吃羊。

如果你是羊，你會接受這是生活中的事實。

有一群羊一起生活在一片美麗青翠的草原上。

但是，這群羊的生活並不安寧。狼一直都是個威脅，在草原上投下一道恐怖的陰影。

有時候，羊群晚間靜下來入睡，次日早晨醒來發現他們當中有一隻不見了——可能已經被狼配著嫩蘆筍和薄荷醬下肚了。

羊群活動的地方有好幾英里長，用尖刺的鐵絲網圍著。

但是不管怎樣，狼還是進得來。

在這樣不安的情況下生活，實在辛苦。

然而，年復一年，羊的數目還是愈來愈多，偶爾的損失固然哀傷，卻是意料中的事情。

從過去到現在，都是這個樣子。

第 2 話

奧圖登場

這是奧圖。

你應該知道，奧圖在這個故事末尾將會提早離世。

不要太依戀他。

奧圖感到悲哀的一點是，其他的羊都已經認命，認為狼吃羊是不能改變的既定事實。

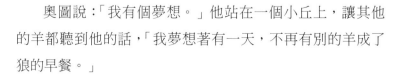

　　奧圖說：「我有個夢想。」他站在一個小丘上，讓其他的羊都聽到他的話，「我夢想著有一天，不再有別的羊成了狼的早餐。」

　　「那真荒唐，」塞普說，「你阻擋不了狼的。記得祖先的至理名言：『狼會來，就像太陽會升上來。』還說『狼啊，壞胚子。』」

　　另一隻羊說：「說實在的，我相信我們應當受到稱讚，因為我們在狼的陰影下愈來愈興旺，只要看看現在這兒有多少羊，就明白了。」

　　這使奧圖愈發感到悲哀。

　　奧圖說：「只要有狼存在，我們的羊群雖多，也只是部分的事實。我們告訴自己，我們為數眾多，所以就不必面對我們處於弱勢的事實。」

　　奧圖繼續說：「我們都說狼不可能被阻擋，但我們怎麼知道這是真的？」

　　一隻名叫可莉的羊回答說：「是真的。連我們四周的護欄，都無法把狼擋在外面。剛開始，護欄是擋住他們了。但是，他們一定是學會了怎麼跳過護欄，狼學得很快。」

　　「那麼我們必須學得更快！」奧圖說，「我們必須使學習成為羊群生活的一部分。我們將成為學習型羊群。」

「我們有在學啊，」塞普略帶憤怒地說，「前些時候，我學會了用牙齒拔掉我蹄上的刺。」其他所有的羊，尤其是蹄上有刺的羊，都感興趣地揚起毛茸茸的眉毛。

「我也學會了挖洞，看看這個！」琪琪一面說，一面用力挖著地面。

「呃……我能夠用鼻子把石頭推成一堆」，傑洛米差點接不下話。

對這些新的見解，羊群之間響起興奮的喃喃低語。這些見解對你我或許相當淺顯，但是對羊群來說，則相當具有創意和實用性。

奧圖得到小小的鼓勵，說：「這種學習是個好的開始，像這樣的點子必須和大家分享，才能使羊群獲益。」

「但是，要在狼的陰影下蓬勃發展，這樣做還是不夠。如果我們要成為真正的學習型羊群，需要有不同的學習。」

羊群怯怯地低頭，賣力想要了解。

一陣沉默之後，可莉說：「也許我們可以圍成一圈睡覺。」

奧圖用手勢請她繼續說。

可莉說：「我想，如果我們依偎在一起，而不是分散開來，就更能夠保護自己。按照那樣的方式，當狼來的時候，他們想抓到我們，應當比較困難。」

「不過這樣做，並不能真正解決狼的問題……」小羊麻里葉塔說。但是，沒有一隻羊把她的話聽進去，他們對可莉的想法興奮過度了。

「對，對！」他們異口同聲地說，「今晚我們就聚在一起對抗狼。學習也許不失為好主意。」

羊群在學習上所做的嘗試，讓奧圖感到挫折，照他看來，那是極度保守的做法。但是，看到他們至少目標一致，也就暫時釋懷了。這是良好的第一步，他想，「至少今晚我可以守夜，在他們睡覺時擔任守衛。」

（警告！接下來會講到奧圖死掉的部分。別難過，他是到一個更好的地方跟萊西、忠狗老黃、和小鹿斑比的母親作伴了。）

當晚天色暗下來以後，奧圖開始守望，羊群則擠在一起。當下弦月高掛在夏夜的天空，羊群很快就入睡了。

第二天早晨，奧圖不見了。

第 3 話

可能不是我們想的那樣

　　第二天早上，羊群醒來，發現奧圖不見了，都嚇得不知所措。

　　「奧圖是隻好羊，」塞普說。

　　「他讓我們看到日子會更好的願景，」可莉稱讚著說。

　　「他的毛白得像雪」，有一隻羊在後面說。

　　傑洛米什麼也沒說，只顧用他的鼻子把一些石頭推成一堆——這或許不是最有效的反應方式，但是對他似乎有效。

氣氛很快就變得很低迷。

「都是這些狼！這全是他們的錯！」可莉悲嘆。

「我們該怎麼做？」塞普哭道。「狼又精明又強壯，我們抵擋不了他們的。如果沒有狼的話，我們的日子會過得好多了。」

「只要那道笨圍欄再高一點，狼就跳不過去。」

羊群坐在那裡，感到沮喪和悲哀。

最後，小羊麻里葉塔再次講話。

「怎麼狼只是偶爾會來，不是隨時都來？」她向羊群提出問題。

所有的羊都停下來，露出大惑不解的樣子。

麻里葉塔繼續說：「如果狼很精明，他們想要的話，隨時都可以越過圍欄。他們怎麼沒有每晚都來？如果我是狼的話，我就會那樣做。我會時時盡情大吃羊肉。」

其他的羊看起來更迷惑了。

「我的意思是，」麻里葉塔說，「狼可能沒有我們想的那樣難以抵擋。有某種東西阻擋了他們，至少有些時候是如此。」

　　「妳想到什麼，麻里葉塔？」塞普問她。

　　「我說的跟奧圖說的一樣。我們必須學習、一起學習，並且必須學得比狼快。」

　　「我們已經試過成為學習型羊群，」塞普說，「但是，看看奧圖的下場。」

「那是因為我們才剛開始，」聰明的小羊麻里葉塔說。「看看不久前才發生的事情。我們嘗試了不同的事情，卻得到相同的結果。那告訴你什麼？」

每一隻羊都必須承認這是個很好的問題，但是沒有人知道答案。

麻里葉塔解釋說：「它告訴我，光是改變做事情的方式是不夠的。我們也必須改變我們的觀察和思考方式，學習如何以不同的方式學習。」

「要怎麼做？」每一隻羊都想要知道。

「我們可以從三件事情開始做起。第一，記住奧圖的願景，有一天不再有其他的羊因狼而死掉。如果記住這點，我想大家就會知道要做什麼事。」

「第二，我們先談談大家信以為真的事情。大家都說狼太過精明，難以抵擋。我們將這點當作事實，並且就此做出所有的決定。也許這是真的，但如果事實並非如此呢？」

「第三，讓我們想想看要怎樣以不同的方式來做事情。為了阻擋狼來襲，我們必須做些什麼？想像自己如果是狼，會是什麼樣子？讓我們出去蒐集點子和資訊，盡量發掘有關狼的事情，然後再彼此分享我們知道的每一件事。」

「大家何不各自思索一下，下午再回到這裡碰頭。」

散會後，所有的羊一面沉思著，一面散去。

有些羊努力想著麻里葉塔所說的話：

「說到學習，或許百益而無一害，但是如果圍欄不夠高，無法把狼擋在外面，我們還是只能束手無策。我們沒有工具可以用來加高圍欄。」

「我不能容忍對祖先這麼不敬！祖先教導我們，狼是既存的事實。那隻小母羊在嘲弄我們的傳統。」

但是，有些羊打從心底同意麻里葉塔的話：「麻里葉塔是對的。狼似乎只在某些時候來，這沒什麼道理。」

「去年夏天鬧乾旱，那時狼似乎比較常來，嗯……」

「也許狼並不是跳過圍欄進來的，圍欄相當高……而且，我想應該沒有任何動物這麼強壯。」

　　午後，所有的羊都回來聚在一起談話，大家洋溢著一股
興奮之情。

（傑洛米對大家踴躍參與深受感動，想要數數看有多少隻羊出席……但奇怪的是，他發現自己昏昏欲睡，只好作罷。）

　　塞普開始進行會議。「朋友們，我們今天聚在這裡，記念我們的朋友奧圖，以及他的願景，也就是完全避免任何羊因狼攻擊而死亡。有誰要分享看法嗎？」

　　羊群分享了自己所有的想法，他們針對狼是否真的能夠跳過圍欄這個主題，進行深度匯談。

　　他們討論到，「與狼相關的傷亡」時間點很奇怪，為何這類傷亡似乎在大雨之後減少，在炎熱和乾燥的期間增加。

　　他們甚至坦承，要改變自己長久以來對狼所抱持的看法有多難。

　　光是談論這些事情，就使得羊群精神大振，同時給了他們希望。

突然間，可莉快步跑來，上氣不接下氣，但顯得非常興奮。

　　「請跟我來，」她說。

　　大家雖然不是很清楚可莉要帶他們去那裡，但還是跟著她的後面跑。

最終話

原來如此？

　　羊群跟在可莉後面，匆匆跑了大約一英里。很快地，他們來到圍欄邊，圍欄下方正好有一處有一條小溪穿過。這條小溪就是羊群經常喝水的地方——只不過他們因為害怕狼，所以從來沒有這麼靠近過圍欄。

「看！」可莉說，她用蹄子指著圍欄跨越水面的地方。
就在貼近水面的地方，鐵刺鉤著一小撮羊毛。

　　「我四處找答案，發現了這個——但是我不知道那表示
什麼。」她說。

　　他們面面相覷，想不通。

　　後來，終於有一隻羊說：「我懂了！狼不是越過圍欄，是從它的下面進來的！」

　　另一隻羊興奮地進一步說：「有道理！乾旱的時候，圍欄下方沒有水流過，狼就從下面爬進來！」

　　「下過雨以後，水量太大，狼無法通過圍欄下面，」另一隻羊喊著說。

　　羊群變得更加興奮了。

　　「所以我猜，那表示狼不會游泳！」聽到這項結論，每一隻羊都開心地笑起來了。

　　或許，狼畢竟不是那麼精明。

　　「只有一個問題，」有一隻羊說，「我們無法控制下雨的時間。我們還是會受制於狼群和天氣。」

　　羊群陷入一片沉默。

　　然後，琪琪說：「我想我們又找錯問題了。」

　　「我們確實無法控制天氣，但是我們可以控制水的流量。看看這個。」琪琪開始挖洞，奮力用她的蹄扒著圍欄下方的地面。很快地，其他的羊也都加入一起挖洞。

　　「不要光是站在那裡！大家都來幫忙！」有一隻羊大叫著說。

「好……我可以用鼻子把四周的石頭推成一堆，」傑洛米一邊提議，一邊開始在下游幾英尺的地方，用石頭建一個小水壩。

塞普站在一旁，在其他的羊挖地的時候，幫他們把蹄上的刺拔掉。

沒多久，圍欄四周就形成一個小池塘。

　　羊群對這項成就感到驚訝，自然而然下意識地集體發出咩咩的叫聲——這是極為刺耳的噪音，但如果你也是羊，你聽起來會像是歡呼聲。

　　幾天之後，羊群建好了一個美麗的池塘，他們可以在這裡聚會、喝水和遊戲。

但最棒的是，不再有狼進來……

　　不再有羊不見了……

　　並且不再感到害怕。

　　羊群夜夜都能夠安然入睡，這時候他們會說：「很高興我們成了學習型羊群。」

　　「知道我們今後不必再經歷像這樣的事情，感覺真好。」

　　但是，也許他們還會遇到相同的情況！

結束

細看
〈比狼學得快〉

　　有哪些企業管理的書籍,會運用可愛及擬人化的動物來
說明嚴肅的管理理論呢?!

　　真是鳳毛麟角啊!畢竟,獲得樂趣是學習過程中很重要
的一部分。還有,隱喻(像是本書中所用的隱喻)是相當強
大的媒介,透過這個媒介,我們會遇到生活環境中新的真相
及新的可能性。

　　故事中的羊表面上說了很多俏皮話,其實他們是要分享
一些想法,這些想法可能對全球企業的營運方式和上班族日
常的工作模式產生深遠的影響。我們來細看「羊群」的經驗,
看看你能學到什麼,並將所學帶到你自己的「人群」裡。

邁向學習的文化

關於組織學習文化的論述相當多，但什麼是學習的文化？如何將學習的文化機制化？「學習」的意義為何？

不論是《財星》（*Fortune*）雜誌裡前一百大企業、一支運動隊伍、政府、一間小學、教會，甚至你的家庭，每個組織都會面臨一項挑戰，就是如何「找出方法來創造理想中的結果」。組織通常會進行大大小小的變革，以實現它的願景，但變革是很困難的。事實上，在美國出版業中，賣得最好的書籍就是關於變革管理類的書，很明顯地，關於這個主題的問題實在很多。

變革可以在任何時候發生，要啟動變革很容易；困難的是，如何讓變革持續及轉型。如同奧圖及麻里葉塔所發現到的，只有當人們（或羊）從個人及情感的角度，全心投入參與變革的過程，才能啟動真正的變革，真正的變革需要學習。

所以，讓我們回到原來的問題：什麼是真正的學習？學習是以具有生產力的方式，持續提升一個人的創造、思考、連結、行動能力，學習是與生俱來的本能。你（和你的組織）隨時都在學習，不論你是否願意。真正的問題是：**我們要如**

何做，才能激發出與生俱來的學習本能，協助我們完成最關
心的事情？

　　這個問題就是彼得・聖吉（Peter Senge）所說的學習型
組織的架構（一般所謂的 MIT 模型）。*〈比狼學得快〉就是
根據這個模型建立的；去除了狼群、羊群及故事的元素後，
就可以看到如下所示的骨架：

變動的領域　　　　行動的領域　　　　結果

　　這個架構建議了建立組織學習的三個領域。第一部分
（圖中最右邊）是**結果**，這個領域談到了一個問題：「幹嘛那
麼麻煩？」組織想要創造哪些顯而易見且可衡量的成果？奧
圖明白指出一個相當振奮人心的最終結果──他想像「有一
天不再有別的羊成了狼的早餐。」他還說，「我們將要成為學

＊ 此模型是參考聖吉《第五項修練 II：實踐篇（上）》（*The fifth Discipline*,
　Doubleday, 1994）第 15~47 頁（中文版第 26-77 頁）。

習型羊群。」如果沒有清楚有力的結果，組織的學習就不會
發生。（如果組織期望的結果無法貼近人們最深層的渴望，
組織學習也不會發生。）

　　行動的領域是第二部分，這也是許多組織理論的焦點，
它談到一個問題：「我們將要做什麼，才能達成我們想要的
結果？」你能夠計畫、執行及看到的一切，都在行動的領域
中。團體及個人將精力放在這部分，會發現確實可以產生他
們想要的結果——但這個結果無法持久，隨著時間過去，持
續變革的能力與動力會逐漸衰退。

　　變動的領域是最後一部分，又稱為「深層學習循環」，
它談到一個問題：「我們如何在追求目標的過程中，吸引人
們一起投注心力？」這個「人的部分」相當神祕，而且常常
被忽略。當我們建立了讓大家可以選擇參與行動的環境，我
們就是建立了讓變革持續及轉型的可能性。注意！你無法強
迫某個人參與深層的學習循環，只能讓他們自己選擇是否要
參與。這就是為什麼這個模型那麼有威力且難以理解，如果
組織願意擁抱學習的文化，那是因為組織中的個人真正承諾
去學習與成長。

　　那麼，奧圖、麻里葉塔及其他的羊，如何創造出一個環

境，讓每隻羊可以選擇參與，以改善生活呢？好問題。讓我
們更進一步細看，他們在學習型組織架構裡的經驗，看看有
哪些課題可以學習。

學習及行動的領域

　　讓我們從架構中的行動領域開始。不論你是一群羊，或
是一家全球性的公司，有三個區域必須出現集體的協調行
動，才能讓學習的文化發芽、滋長。

　　指導方針。它的定義為：組織成員對於達到想要的結果
所必須具備的思考，涵蓋了我們認為創造出特定成果所需要
擁抱的信念、假設及價值觀。每個組織會受到指導方針的左
右，不論組織是否加以公開宣布。例如，公司可能相信，只
有雇用頂尖的研發工程人員才能打敗競爭對
手。在這個故事裡，這群羊本來是由被動
的、沒有明說的指導方針所左右：「我們是被
害者，只要活下來就是成功。」麻里葉塔提
出全新的指導方針，就是做出重大的發現，
這個方針是：「羊群第一次明確討論到他們對
於狼的信念，就可以獲得他們想要的成果。」

指導
方針

行動的領域

這是勇敢的行動，任何人挑戰根深柢固的信念（記得有隻羊說：「那隻小母羊在嘲弄我們的傳統」），也都是勇敢之舉。麻里葉塔提出新的指導方針，在羊群中催化出強而有力的新行為。

　　理論、方法和工具。 這些是可供人們汲取、重複使用及通用的知識領域，通常在公共場合就可以取得，對於測試新的指導方針特別重要。在故事中，麻里葉塔召開會議，請羊群聚集到岩石旁開會溝通。他們所做的並非創舉，長久以來，匯談式會議就是一種工具，但是對羊群來說，新工具的介入確實加速了他們邁向理想結果的進程。

指導方針

理論、方法和工具

行動的領域

　　基本架構中的創新。 許多人認為「架構」是組織圖中層層疊疊的方塊，但實際不只如此，它們是任何可以引導資源（精力、時間、金錢、企圖心等）用於完成理想結果的東西。當然，羊群的池塘就是一個新的架構。在故事中，麻里葉塔對羊

指導方針

基本架構中的創新　理論、方法和工具

行動的領域

群的演講，提供了另一個新的架構：「讓我們盡量發掘有關狼的事情，然後再彼此分享心得。」換言之，羊群新的基礎架構包含一個蒐集和分享資訊的網路。當然，這是相當基本的架構，但它仍然算是架構。就羊群來說，這個簡單的創新產生了一些出人意表的分享與學習。

變動的領域：深層學習循環

　　組織中的成員學習，組織才會學習。而且，當他們選擇學習，就會踏上永無止境的學習之旅。當然，他們會採取新的做事方法；但更重要的是，他們將擁抱新的看法及生存的方式。參與過此種學習歷程的人，通常會發生一種「覺醒」的深刻體驗，這類人確實會用非常不同的方式，看待世界和他們的處境。

　　以這種觀點來看，故事中的羊群最後建了阻擋狼群並提升羊群生活品質的池塘，這是一項了不起的共同成就。每一隻羊都深深地投入，使得羊群發生改變，而這些改變發生在三個面向：

• **新的技巧與能力**。人們怎麼知道自己是否在學習？這很容易。依《第五項修練》和《第五項修練 II：實踐篇》作者

聖吉的說法,「當我們能夠做以前所不能做
的事情時,我們就知道自己在學習了。」例
如,傑洛米學會用鼻子把石頭推來推去,就
是名符其實的學習(至少對他而言是如此。)
把這個技巧轉用到建壩蓄水成為池塘、保護
羊群不受狼襲擊的新境界,對傑洛米而言,

技術與能力

變動的領域

是一種比先前更上層樓的技巧建立與學習,而且可以讓每
隻羊都受惠。

- **新的認知與感覺**。這些是指在對複雜系統更深入了解及洞
  察之後,促使你質疑某些假設或看似顯而易見的觀察。例
  如,有些羊發覺「狼在雨後沒來過,在炎熱和乾燥的時候
  較常來。」這不是很明顯嗎?為什麼這群羊沒有早點發現
  這項事實?過去幾年裡,當然有許多機會可以觀察到這個
  趨勢。也許不是如此,這群羊錯
  過這個「顯而易見」的趨勢,是
  因為這個趨勢跟他們現實狀況配
  不起來。只有當麻里葉塔鼓勵大
  家挑戰信念時(「大家都說難以
  抵擋狼的攻擊……但如果事實並

技術與能力

認知與感覺

變動的領域

非如此呢？」），羊群才能夠「看清」這個唾手可得的資訊，進而加以探索。這是羊群幾經掙扎後才採納的新察覺，但這種察覺最後為羊群創造出全新的未來。

• **新的態度與信念**。新的認知終將導致新的信念產生。在故事末尾，羊群一致體認到：「或許，狼畢竟不是那麼精明！或許可以抵擋得住他們。」這個新的信念大大改變了羊群的一切，吃驚嗎？試想：一個相信自己隨時會死掉的人，和一個相信自己處境相當安全的人，生活體驗會有多麼不同？羊群對世界的信念，影響他們體驗世界的方式；你對周遭世界的觀點改變，世界本身也會跟著改變。羊群對於世界所抱持的新信念產生了立即、具體的結果；他們的生活方式（「信心取代了恐懼……」），他們的未來（「狼不再來了……不再有羊不見了……」），甚至草原的景觀，全都改變了。這個故事是對真實力量所做的隱喻，只要組織成員不斷成長與學習，這類組織都可以得到這樣真正的力量。

技術與能力

態度與信念

認知與感覺

變動的領域

該從何處開始？

聖吉在《第五項修練》一書中，以相當長的篇幅詳述為了建立一個學習的文化，個人與組織必須採行的五項修練。這些修練幫助組織發展出促使變動領域（深層學習循環）啟動的技巧與能力。下列簡單描述這五項修練：

- **系統思考**。我們生活當中的事件，很少像表面上看起來那樣單純與直接。系統思考是系統動力學的實際應用，系統動力學是一種複雜系統的研究領域，檢驗那些影響自然、家庭、經濟、身體、公司和所有其他動態系統的趨勢與結構。羊群原先對世界的因果觀點可能是「狼肚子餓了，所以狼吃羊。」但是，羊群發現有一個比這更複雜的系統在作用，像是天氣、狼的體能限制，以及羊群本身的成見，這些變數都在複雜的因果關係中交互作用和相互影響。羊群對這個較大的系統有更廣泛的了解，所以開始有力量掌握其中的某些複雜性，進而以更具生產力的方式行動。

- **自我超越**。自我超越是一種能力，讓人以經濟的方法創造出想要的成果。自我超越意識深的人，是走在一趟無止境的自我發現旅程上。他們明確知道自己想要創造的結果

〔（奧圖說：「我有一個夢……」（他很敬佩金恩博士，所以借用他的名言）〕；也明確知道他們的現況（羊群反應導向的態度），以及兩者之間的差距。在修練自我超越的人，可以汲取似乎取之不盡、用之不竭的內在能量，來創造未來強而有力的結果。如果沒有自我超越的承諾，就可能活在反應導向裡，注定要成為我們周遭世界的受害者（還記得羊群抱怨說：「只要那道笨圍欄再高一點……！」？）如果想要更了解此項修練，可以參考下一個故事〈旅鼠的困境〉。

• **心智模式**。心智模式是指對世界所抱持的願景或一套信念與假設。我們全都有心智模式，不可能沒有心智模式。當我們建立了對自己及所處世界的心智模式，這種看事情及思考的角度，會變得愈來愈根深柢固，到後來會很難用其他角度看世界，最後信念會主導我們對周遭世界的經驗。同樣地，羊群的信念「狼是無法抵擋的」，是心智模式影響我們的經驗的極佳案例。諷刺的是，只要羊群相信狼是無法抵擋的，他們就真的無法抵擋住狼。

心智模式對我們有很大的支配力量。然而，在學習型文化當中，個人可以不必再捍衛自己的心智模式並提出理由，

而是開始適應挑戰，試著建立新的心智模式。探究自己和他人的心智模式，是得到新的洞察力與更進一步了解複雜世界的一個好方法。如果想要更了解此項修練，可以參考故事 3〈洞穴人的陰影〉

- **共同願景**。聖吉說：「有真正願景（相較於再熟悉不過的「願景宣言」）時，人們追求卓越並且學習，不是因為他們被要求如此，而是他們想要如此。」建立真正的共同願景一直是領導上的挑戰，我們常常看到，領導者所指揮產生的是「遵從」（「我只要做我分內的事⋯⋯」），而非真正全心投入（「我認同組織的目標，願意做任何事情，以達成組織的目標。」）那麼，奧圖為何對他的願景，產生如此強烈的承諾？一個根本的因素是，願景很貼近羊群自己最深層的渴望；在這個案例中，就是渴望生活在免於恐懼的環境中。這是非常吸引人的願景，你可以看到，相對於口號式的願景宣言（提高品質、追求卓越等），它如何產生截然不同的結果。

- **團隊學習**。人們在系統中一起工作而自然形成整體系統，當這些個體與系統產生協同一致時，真正的團隊學習才會發生。達到如此高超境界的團體，會用幾近神祕的字眼描

述團隊學習。運動團隊稱它為「默契十足」，爵士樂團會說是「得心應手」；也就是說，音樂不是「源自你」，而是「透過你」產生。也許你有這樣的經驗：在一個工作小組中，所有成員全力投入任務，雖然工作很辛苦，大家卻甘之如飴，團隊成果遠超過單打獨鬥所能達到的成就。組織若要達成前所未有的任務（比方說羊群建造一個池塘），就必須進行深度匯談，讓團隊成員分享他們對自己和世界的新察覺。

反思及討論的問題

前述的說明，僅是大略討論一些必須結合起來，以促成學習文化產生的修練。現在，回到原來的問題上：該從何處開始？深層的變革可以來自個人的反思，還有與他人的討論，下列有一些想法，可以幫助你開始探索自己的想法，以及對本書的概念：

• **回顧自己的經驗。**回想哪個時候，你覺得與工作團隊、家庭或其他的團體與社群產生協同一致的效果？哪個時候，你覺得充滿能量，團體也獲得重大的成果？是什麼樣的經驗，能夠讓這種流動發生？

- **檢視自己的心智模式**。對你而言,有什麼情況相當於「狼不可能被擋住」?
- **想想一些概念**。在故事及這部分的討論指南裡,你發現有哪些想法最能令你信服,為什麼?
- **多學習**。你想知道更多有關學習文化的內容嗎?請對它做更多的研究,可以從閱讀聖吉的《第五項修練》開始著手。

　　與他人共同尋求新的了解,通常可以透過個人反思,大幅增強學習的效果。依據這種精神,下列設計了一些問題,可以幫助你和同事討論本書的概念,思考如何應用這些概念,讓你們的組織顯著改變。請注意:在問題中所說的「組織」,是指你的團隊、部門或整個公司,請自由地與同事共同探索這些問題。

- 〈比狼學得快〉這個故事中的隱喻,可以如何應用到你們組織的行動上?
- 你們組織是否曾寫下想要達成的結果?如果有的話,如何讓期望的結果貼近你個人的願景?
- 請再次參考本書第 54 到 55 頁的行動領域模型,這個模型說明了代表「組織骨架」,或是促成組織現行運作方式的架構。在你們的組織裡,有沒有一些指導方針?這些方針

如何影響組織裡所使用的理論、方法及工具，以及既有的
基礎架構？現在，請你們討論一些可以引進組織「骨架」
的新指導方針。

• 請參考本書第 56 到 58 頁的變動領域模型，請說明：使成
員參與深層學習循環的意義？你們組織如何吸引個人，使
他們選擇參與深層學習循環？

• 五項修練如何幫助你們的組織在學習循環中，發展出新的
技巧與能力？

　　請記得，學習是一趟旅程，不是一種技巧或技術，而是
一種修練。學習是一種看世界的方式，是關於成長與發現。

　　羊群聚在一起，以草原上一個寧靜的池塘為中心，建立
和平繁榮的生活。你們真正想要創造些什麼呢？

附錄
誰砍了檸檬樹？

彼得・聖吉

2003 年 11 月 21 日遠見天下文化事業群邀請《第五項修練》作者彼得・聖吉來台演講。聖吉近來積極關注全人類永續發展的課題，這次演講他根據這個議題發出語重心長的呼籲。下列便是這次演講的內容。

我今天不談太多基本的東西，而是要帶大家一起來思考學習型組織背後所代表的意義；不僅對我們的個人、組織，還有社會、甚至全球所代表的意義。

事實上，原本我對於學習型組織並不熱中，當我還是研究生時，我寫了幾篇關於學習型組織的文章，對我並沒有很大啟發。但是，我對「系統」這個主題一直很感興趣，想要了解「系統」對我們有哪些深層的影響，生活中有許多核心

問題，是大家從 17、18 世紀就開始探討的。

我常想，我真的不了解世界怎能有持續的工業成長，我們生活在一個資源有限的世界，我們怎麼會有這種宗教式的信念，想要不斷成長呢？成長是一個模糊的概念，一般人指的是經濟成長或社會發展，政治人物在國家成長出現瓶頸時，會比較緊張，很多人想討論這個問題，也是因為他們沒有成長。對商人來說，他們覺得好像沒有看到利潤，這些關於成長的概念似乎和現實有所區別。

我在洛杉磯長大，成長經驗或許和許多台灣人不同。我四歲半時，父母搬到洛杉磯，我們住在聖伯納蒂諾山谷，我記得開車幾個小時，看到的都是整遍柳橙樹和檸檬樹，但是十二年後，這些都不見了；果園被暴增的人口取代。過去那裡是小孩子的天堂，到處都可以打棒球，但是現在學校有時還會建議小孩子在某些時段，不要離開家裡或學校，因為外面的汙染非常嚴重。

成長不是代表利潤

所以，我們知道成長不只代表利潤，不只代表 GNP；事實上，實際的生活經驗或許更重要。在 1980 年，我父母搬

離洛杉磯，那時住宅區的房子每戶都加上鐵窗。我記得有一次我們家遭小偷入侵，他們用大鐵鎚把後院的牆整個打垮，進去偷東西。你可以看到，一個在我小時候可以自由自在騎著腳踏車到處跑的地方，變成危險的場所，這樣的改變是非常大的，對我來說，這又是什麼意義呢？

　　當然，沒有人故意要把世界變成這個樣子，沒有人想要把柳橙樹和檸檬樹砍掉，沒有人想要生活在鐵窗後面，沒有人預期到這樣的事情會發生，就像沒有人想要讓全世界產生溫室效應，或讓全球貧富分配不均一樣。事實上，根本找不到一個人會刻意去這麼做，所以我們都活在整個「系統」的現實當中，是系統創造了這樣的社會。

　　我們現在擁有一百年前沒有人能想像到的科技能力，甚至可以改變世界，但是，我還是發現不只在台灣，在全世界各地普遍存在一種無力感。真的沒有人想要毀滅物種，但是我們照現在的方式每天過日子，真的會毀滅很多物種。所以，我們必須談到「系統」。也許很多人要說，這不是我的錯，這是系統的錯，但在我們研究系統的人眼裡，卻不是這麼回事。

　　問題在於，我們如何創造這種互相倚賴的模式與系統？

比如說，從小受虐的孩童長大後很可能成為施暴的父母，這不是電腦系統，也不是管理系統，而是一種互相倚賴的模式。文化就是一種互動的系統，這也就是為什麼現在的小孩和一百年前的小孩還是有某些相似的地方。

以學習縮短智慧與力量的差距

我們人類和其他物種一樣，每天相處就會創造出許多互相倚賴的模式，這就是所謂的「系統」。這並非新觀念，從人類有史以來就是如此。過去，我們用文化這樣的字眼來形容，但是今日情況有所不同，現在有了一種新文化，叫做「工業文化」；這也許是第一種全球文化，深深地影響了人們在思考和行為上的模式，也用共同的觀點統合了全世界的人。

我第一次想到這個問題，是在很多年以前，我認為我們生存在一個相互倚賴的網路當中；對我來說，沒有辦法真正了解和影響別人是個嚴重的問題。我們世世代代形成了這樣的文化，如果大家都能體認到這個問題，或許情況就不會那麼嚴重了。

我曾經參加在維也納舉行的一個會議，研究系統思考的學者共聚一堂，當時有人說環顧全球看到許多飢餓與貧窮的

問題，問題背後只有一個問題，就是在過去一百年內，「力量」成長的速度超出想像的範圍，但是我們的「智慧」卻沒有隨著「力量」而成長。所以，如果我們的科技能力和智慧之間的差距無法縮短，我們的未來就不值得期待。

因此，至少對我而言，這是我不斷在思考的問題。而我所創辦的學習組織中心，所要處理的就是這些根本的核心問題。不管從個人、組織或是整個社會的角度來看，這都是非常重要的問題。在一個大型組織當中，會有一些重要的團隊是需要學習的；同樣地，在我們的社會中，我們也要不斷學習。

企業最重要的功能是創新

特別是在過去二十五年當中，我有機會和很多跨國企業合作，一開始我並不認為我思考的問題和企業界相同，但是在一個現代社會中，企業是最有權力的。過去我們認為企業界在社會中最重要的功能是創造財富；可是對我來說，創造財富不是企業成立的原因，而是企業發展的結果。我認為企業最重要的功能是創新，包括科技的創新。要改變學校和政府是很困難的，相形之下，企業卻很容易創新，不斷有新公

司成立，有潛力開創新的商業模式。

幾年前，我有機會碰到一些企業界的人士，他們在社會上都是有頭有臉的人物，就像在座的台積電董事長張忠謀先生一樣；他們不只重視企業的獲利，思考的也是非常深入而根本的問題。我還記得，和當時摩托羅拉執行長葛理芬（Christopher Galvin）吃午飯的時候，聊到小孩子的學習過程，他非常重視小孩子的教育，所以讓我了解到企業界還是有些有遠見的人，或許只占企業界的 5％到 10％，會去思考企業根本的核心問題。

就這樣，我對企業界漸漸開始有興趣。遺憾的是，我無法找到很多企業界的高層主管，會對這些系統性思考的議題感興趣。但我要再次強調，他們和我們一樣，都是社會上的公民，也會關心社會議題。

六年前，我們舉辦了一場會議，參加的都是企業執行長，我們成立了組織學習集團，而且後來發展出在 MIT（麻省理工學院）的一個組織學習中心，現在已有十五年的經驗。我們和很多個人、組織合作，希望透過合作帶動系統性的變革。當時我們特別重視永續發展的問題，開會討論的議題包括產品所使用的材料，以及全球溫室效應的問題。

善盡地球公民的責任

2001 年 6 月，我們邀請許多跨國企業的高級主管到波士頓開會，討論組織學習的問題，例如殼牌石油、英特爾、惠普、聯合利華等公司都有派人參加，那時聯合利華還不是我們學會的會員。很快地，我發現企業界有了一些根本的變化。當然，我說的並不是全部的企業，也許只有 5％到 10％的企業，而且每個產業改變的情況也有所不同。其中，像是石油和自然資源這類型的產業所受到的影響是最深的，它們真正有興趣的是工業生產活動對於自然環境的影響。

我們所討論的都是全球性的問題，例如社會的貧富差距，以及全球的經濟相互依存度愈來愈高。當時有一位來自英國石油公司的人提到，我們不應該只討論數位落差的問題，還應該討論社會落差。五分鐘之後，一位殼牌石油公司的代表發言，他說當他們公司的經理人看到世界和社會現況，他們都很害怕。那時候，與會的每一位人士聽到一個跨國公司的高階經理人，使用「害怕」這個字眼，都感到十分驚訝。惠普的代表接下來又說，也許我們遲早都要重新定義，什麼叫做「成長」。

經濟成長使我們用了太多原料，產生過多的廢棄物，既然天然資源有限，這種情況勢必無法繼續下去。部分跨國企業確實看到這樣的問題，聯合利華的策略目標之一，就是讓他們的農業、漁業和消費產品永續發展，即使不賺錢也必須追求策略，因為重點不在賺不賺錢，而是要繼續生存下去。如果有一天，天然資源耗盡，聯合利華就沒有產品可賣。

看到整個系統的運作

我們必須看到整個系統的運作方式。例如，網路的泡沫化對台灣和美國經濟都有很大影響，經濟學家用泡沫這個字眼，可以讓我們了解問題出在哪裡。生活在泡沫裡的人，觀念是截然不同的，這種投資是不切實際，而且遲早會有破滅的一天。那麼，如果工業時代是個泡沫，結果會是如何呢？如果工業文化是個泡沫，又會如何呢？

一切看起來如此合理，大家都知道同樣的經濟原理、說同樣的語言，我們知道如何創造利潤、管理現金流量，但是，這都是在泡沫之中看到的情景。自然系統不會產生廢棄物，身為一個美國人，維持理想的生活所需，每週要用掉一噸原料，其中95％在使用過程中都成為廢棄物，例如二氧化

碳，結果造成全球平均氣溫每年增加一度，這種情況還在持續惡化中，因為廢氣排放的速度，是二氧化碳分解速度的兩倍。

　　這些都不是新聞，但面臨這種情況，我們能做些什麼？就像剛才提到的，我們掌握科技的能力不斷增加，但同時又有強烈的無力感。事實上，這也正是我們學習所面臨的問題。學習不只是有新的想法，還包括了行動，大家都有這樣的義務和責任，去正視這些問題，我們都是地球的公民，如果我們不關心，還有誰來關心這些問題呢？

人類不是機器，必須發揮潛能

　　最重要的是，我們要認清現實狀況，換個角度思考。在工業文化中，我們每個人都是系統中的一分子，都是工業時代的一員。在我們的文化中，最重要的組織不是企業而是學校，我們都上同樣形式的學校，19 世紀中葉在教育組織上有很大的變革，每個人都有接受教育的權利與義務，學校不再只是為了精英存在。

　　當我提到「學校」這個字，大家會聯想到什麼呢？考試、錯誤，還是分數不及格？如果你的成績是全班後半段，你會

有什麼感覺？我記得，有一個教育學者對我說過，我們不知道學校帶給兒童的創傷有多大，我永遠都不會忘記這句話。

　　只要你花點時間在孩子身上，就會看到學習的魔力。孩子在學校的學習不是偶然，而是透過精心設計的，學校有考試，幫助學生在錯誤當中學習。小孩在學校讀書，內心有許多恐懼，我並不想批評，只是要反省學校這個系統。我大兒子七歲的時候，學校老師把他畫的作品打了 60 分的分數，回到家後，我兒子告訴我說他不會畫畫，從此以後真的不再畫畫。

　　我相信很多人都有這樣的經驗，只要在學校哪一科的分數不好，就認定自己這方面不行。我們知道學校的學習環境不是完美的，可是為什麼我們要創造出學校這樣的系統呢？在工業時代的每一所學校，就像工廠的生產線一樣，有一年級、二年級、三年級……。

　　問題是，我們人類不是機器，我們希望追求獨立、自主，發揮自己的潛能。多樣化是自然界的定律，和工業時代最主要的特徵「一制化」和「生產力」並不相同。如果我們把工業化的概念放在學校中，對小孩會造成很大的創傷。

人人都可發揮影響力

　　我今天的用意，不是要告訴大家我看到什麼，而是告訴大家應該去思考這些問題，沒有人能夠看到事情的真相和全貌。我們應該去思考什麼是好的生活和環境，絕對不是只有好的 GNP 和好的經濟成長，這些都只是工具和資源。

　　到底我們目前社會的現況如何？我們要創造怎樣的社會？這是我們每個人的問題，我們每個人都可以發揮自己的影響力，品管大師戴明（W. Edwards Deming）教授每次做報告的結尾都說，他只是一個人，已經盡了全力。我的一個印度朋友，有一次問德蕾莎修女是如何對全世界有所貢獻？德蕾莎修女竟然驚訝地回答：「沒有，我對世界沒有什麼大的貢獻。我只是做一些很小的事情，但懷抱著無比的熱情。」

（伍淑芳整理）

旅鼠的困境

與目標共處，以願景領導

譯者導讀
飛躍人生的大峽谷

劉兆岩

　　看著牆上米老鼠的掛鐘，時間指著清晨兩點半。為了翻譯這個故事，我已經連續幾天熬夜；儘管如此，我絲毫沒有疲憊的感覺。創造性的張力似乎在我身上起了作用，有一股衝動，希望盡可能譯出這個故事背後重要的真義，實踐它所說的自我超越。多年來，實踐這個故事所說的自我超越，我深深能體會其中所說的每一句話。

　　這則寓言似乎有一種魔力，讓你愛不釋手而一看再看。原來，〈旅鼠的困境〉竟然像極了我們所處的現實社會，女主角愛咪的覺醒與一連串的尋尋覓覓，似乎在我們的生命中都發生過。然而，我更好奇的是，這群旅鼠的結局是什麼？他們在第二年還會發生一樣的行為嗎？愛咪和藍尼的未來如何呢？不論你是否在書中找到你要的答案，那都不重要。重要的是你看了這本書，啟發了你對生命的探索，這就足夠了！

這個故事不僅描述一群旅鼠，也描述你我在追尋生命意義時所發生的許多場景。作者運用了旅鼠跳下懸崖的背景，生動反映了傳統對我們的束縛。而愛咪與藍尼的探索與質疑，也恰恰表現出人們不安於現狀，想要尋求改變的本質。

　　這個故事是寫給想要了解自我超越的人，千萬不要只看故事情節，之後的說明會令想要超越現狀的讀者們得到更驚人的發現。與前面的故事對照之後，我們會突然明白，生命背後的結構是如何主導我們的人生，而我們要如何利用創造性張力改變人生的結構。關於這些問題，書中都有詳細的說明。

　　對於企業或組織的管理者來說，這個故事更是不可或缺。如何在團隊中運用願景的力量，來驅動整個組織向前邁進，會是未來的主管一定要面對的課題。你可以和部門裡的員工共同研讀或分享其中的故事情節，一起探討書中所列出的問題，這會為你的組織帶來全新的文化，一種願景領導的氣氛。

　　我常常自問，人生的旅程中總會遇到一道難以超越的大峽谷，為什麼有些人可以輕鬆飛躍大峽谷？我在書中找到了答案：原來他們改變了生命的結構。你生命中的結構是什麼呢？建議你從本書中尋找你的答案！

　　　　　　　　　（本文作者為羽白國際管理顧問公司總經理）

第1話

101隻旅鼠

他們是旅鼠。

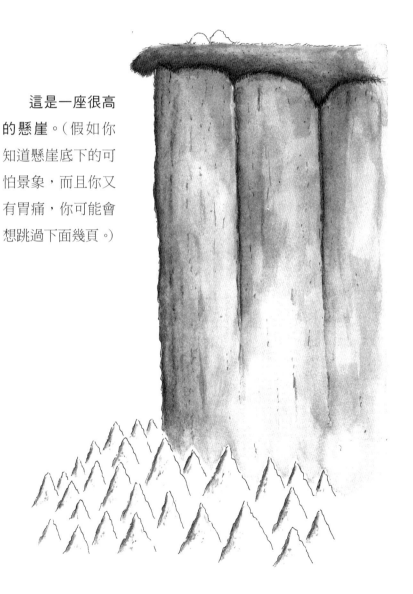

這是一座很高的懸崖。（假如你知道懸崖底下的可怕景象，而且你又有胃痛，你可能會想跳過下面幾頁。）

喔！真恐怖！

真的，旅鼠跳下懸崖。

為什麼他們要這樣做？沒有人真的知道，有些科學家已為此困擾了幾十年，至今仍不知道答案。

也許是他們本能的反應，也許是文化使然。不論真相為何，世界各地數以千計的旅鼠，持續不斷地走到懸崖邊，逕自跳進未知的深淵。

旅鼠群則認為，這樣的行為是正常的。

以一年一度的「旅鼠跳崖慶典」為例，幾乎沒有科學家親眼看過，旅鼠們很期待這項活動，他們跳舞、烤肉，並化妝打扮，最後活動在「偉大的跳崖」中達到最高潮。

旅鼠們從來沒有想過為什麼要跳崖。
他們就是這樣做了。

第 2 話

介紹夠多了
讓我們進到故事裡

這是愛咪。

愛咪和其他許多旅鼠一樣，生活在離山崖只有幾英里遠
的橡膠樹林和馬唐草中。

成長的日子充滿歡樂與笑聲。

　　但是，當愛咪逐漸長大，她和其他旅鼠一樣，開始感到有一股奇怪的力量把她拉向山崖邊。

　　所有其他的旅鼠，興奮地討論著即將來臨的「旅鼠跳崖慶典」，愛咪的許多年輕朋友甚至計劃要參加今年的大會。

　　但愛咪有點苦惱，有一天她決定與她的朋友談談。

　　愛咪問他們，「為什麼我們要跳崖？」

　　「妳是指什麼，為什麼這麼問？我們是旅鼠，旅鼠當然要這樣做，笨蛋！」她的朋友回答。

　　「是，但我們跳下山崖後，會發生什麼事？」她追問著。

　　「會有好事發生。」

　　「什麼好事？」

　　「……我們不知道，」大夥兒有些猶豫地回應。

　　「那你怎麼知道是好事？」愛咪堅定地說，她注意到大夥兒的聲音透露出恐懼。

　　她的朋友們沉默下來。最後有一隻旅鼠說，「那絕對是好事，因為從來沒有人回來。」

　　「沒錯，」大家都鬆了一口氣，異口同聲說，「現在請妳閉嘴。」

愛咪並不滿意。隔天，她找族裡面的長老詢問。

「早安，年輕小姐，」長老們說，「有什麼可以為妳效勞的嗎？」

「我想要知道為什麼旅鼠要跳崖？」愛咪回答。

「嗯，對小小的旅鼠來說，這真是大哉問。」其中一位長老透過眼鏡的上方看著她。「妳對跳崖有意見嗎？」

「我不知道，至少我並不以為然。如果我知道大家為什麼要這樣做，或是做這件事的任何理由，也許會覺得好過一

點。」

　　長者們頻頻點著他們毛茸茸的小腦袋。「我們了解妳的疑慮，」他們說道。「所以，我們高薪聘請管理顧問漢斯協助我們為所有旅鼠寫下使命宣言，用意就在這裡。」

　　「嗨！妳好！」漢斯露齒而笑，使勁握著愛咪的爪子。

　　「事實上，」長者繼續說著，「我們剛剛才完成使命宣言。在這兒，請妳看一下。」他們拿出一張字體工整的書面文件。

上面寫著：

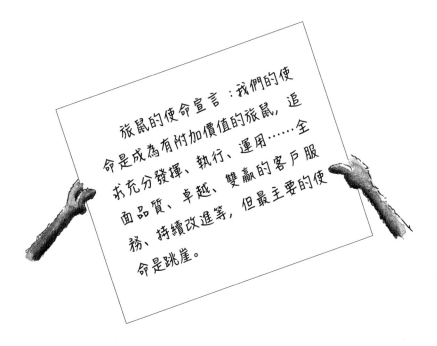

旅鼠的使命宣言：我們的使命是成為有附加價值的旅鼠，追求充分發揮、執行、運用……全面品質、卓越、雙贏的客戶服務、持續改進等，但最主要的使命是跳崖。

　　「這就是你們的使命，」漢斯笑著把它交給長者。「現在，沒有什麼問題了。」
　　可憐的愛咪，一臉茫然地離去，她比來之前更困惑了。

　　當天晚上，她走到懸崖邊坐下，晃著她的雙腿，她腳下就是深不可測的神祕深淵。

　　「我到底怎麼了，為什麼無法像其他的旅鼠一樣快樂地跳崖？」

　　她感到疑惑。「我問了這麼多問題，而且想要做跳崖以外的事情，是不是很奇怪？」

　　「到底我要什麼？」

　　「我是誰？為什麼我在這兒？」

　　愛咪孤單地坐著，一邊哭泣，一邊凝視著峽谷的遠方好久好久。

第 3 話

抗拒

幾天後，愛咪在巨大的橡膠樹蔭下休息時，聽到了一陣
聲音。

「嘶！」

「是誰？」她四處看著問道，另
一隻年輕的旅鼠站在她背後。

「嗨，我是藍尼，」他悄悄地說。

「嗯，你好，」她有點驚訝地說
著。「很高興見到你。」

「噓！小聲點！」藍尼緊張地四處張望,「讓我說大聲點,我聽到妳提了幾個問題,妳說妳不想參加跳崖慶典。」

「我不知道,」愛咪有點震驚,「我一直在想我要什麼。」

「如果我介紹給妳其他的旅鼠 —— 和妳一樣的一群旅鼠,你覺得如何?」

「和我一樣的旅鼠?」她很急切地問著。

「是的。一群不想跳崖的旅鼠,跟我來吧!」

不一會兒,他消失在樹叢裡。她的心怦怦跳著,快速跟著他。

藍尼帶她走到一個地洞,然後跳進去。他們循著地下的隧道走了一小段路,直到墜道通往一個小山洞。那裡,有七、八隻旅鼠坐著圍成一個圓圈。

「大家好,」藍尼說,「這是愛咪。」

「嗨,愛咪!」大家異口同聲地回答。

「歡迎,」坐在前面的旅鼠說,「我叫弗來明,我們是『拒絕跳崖一族』,英文是 N.O.L.E.A.P.S.,也就是 The New Order of Lemmings for an Earthbound and Moderate Society(戀世而溫和的旅鼠新公約)的縮寫。」(愛咪知道原句縮寫後其實應該是 NOLEAMS,但她不想讓人覺得她已洞穿他們的心

機，所以她對此事不動聲色。

「妳是來加入我們的嗎？」弗來明繼續說著。

「我……我不確定，」愛咪回答，「拒絕跳崖組織的使命是什麼？」

「我們的使命？好，我們的使命是，我們不想跳懸崖，」弗來明說。

「喔，」愛咪很禮貌地說著，「我了解那就是你不想要的。但是……你真正想要的是什麼？」

「我們真正要的，」弗來明有點迷惑，「是……避免跳崖。」

「我了解了，」愛咪嘆了口氣，開始擔心她的問題幾近無禮，但是她對這番談話有些困擾。「拒絕跳崖一族」存在的理由，似乎都是……負面的。她試圖想像一些聽起來較為正面的使命。她深深地吸了一口氣，然後強調說：「但你們想要的是什麼……想要為世界增添些什麼，或建立些什麼？」愛咪問著。

「我們想要建立……一個不要跳崖的社會，」弗來明懶得玩這種遊戲。「現在請拉把椅子來坐，」他嚴肅地補充說，「我們的會議才剛開始，今晚我們計畫在旅鼠跳崖慶典上遊行示威。」

愛咪坐在藍尼的旁邊，雖然她很高興遇到這麼好的一群旅鼠，她還是覺得困惑而悲哀。

「大部分的旅鼠好像從未想過為何要跳崖、為什麼要這樣做、他們為何存在，或者他們想要用他們的生命創造些什麼，」她自忖著。

「還有，這些傢伙似乎只會思考他們不想要什麼。」

「我不確定哪一種生活方式最糟。」

在那一刻，愛咪決定不再找人問，她該做什麼樣的旅鼠，或是要如何安排她的生活。

她只能靠自己釐清這些事情。

第 4 話

愛咪的釐清

那是一個舒適的秋天——這樣美好的一天，會令你只想要去跳崖（假如你是旅鼠的話。）

但是當愛咪的朋友一起嬉戲的時候，愛咪發現自己又不自覺地走到懸崖邊，她之前曾坐在那裡遙望峽谷另一邊。

她注意到遠方，有一棵獨立、高大的樹生長在峽谷的另一端，她從來沒看過如此高聳而結實的樹。「那邊還有些什麼呢？」她自忖著。「在我們草原的另一端是什麼樣的世界？那裡有什麼可能發生的事情——我們從未經歷的事情——等待著我們？」

「嗨，愛咪，」一個聲音從她背後傳來。

愛咪轉過身來，「嗨，藍尼！」她吃驚但高興地叫著。

「自從幾週前在拒絕跳崖一族碰面後，就沒有再看過妳，」他說，「我很擔心妳。」

「我需要一些時間想想，」她注視著自己的腳。

「我也是，」藍尼回答。「我曾經想過妳在會議中問我的問題，比方說，妳問我們的使命是什麼，以及我們想要創造什麼？」

「喔，」她把目光移開，「我希望沒有讓你在你的朋友面前難堪。」

「沒有，那些是很好的問題。我從來沒有聽過任何一隻旅鼠問大家這樣的問題。妳介意我坐在妳旁邊嗎？」

「請坐，」她說。

藍尼坐在愛咪的旁邊，一起望著峽谷另一邊。

「愛咪？」沉默良久後，藍尼說。

「什麼事？」

「妳的使命是什麼？」

愛咪想了一會兒。

「我的使命和跳崖無關，」她最後回答說，「甚至跟不跳崖也無關。」

愛咪的眼光再次移到那棵高大的樹上，那棵樹是如此地遙遠。她繼續說：「我開始覺得，我的使命和提問題有關。有些問題能開拓視野，這些問題的重點並不會局限於我們這片小草原，而且可以協助我們檢視新的存在方式。我無法解釋自己為何喜歡提問題，但是提問題似乎是我的天性，我想這可能是我的使命。」

她想到更多。「我愈了解我是誰，就愈想做些什麼事，一些特別的事。所以我曾經自問，我實際上想創造些什麼？」

「我……我猜，這番話聽起來一定有點激進，」愛咪總結說。

「嗯……是沒錯，」藍尼現在覺得頭疼。

愛咪有點抱歉地望著他，「我開始在想，可能要花很久時間才能將這些搞清楚，」她說。

藍尼陷入深思。

「自從你在拒絕跳崖一族會議上問了那些問題後，我開始思考我的使命是什麼，」他說，「聽起來也許有點愚蠢……但我很希望成為一個可以激勵別人的演講者。這可以算是使命嗎？」

「我不知道，」愛咪回答。她接著問，「為什麼你想要成為可以激勵別人的演講者？」

藍尼努力地想著，「大概因為我想激勵旅鼠們停止跳崖。」

「但這為什麼對你如此重要？」她問道。

　　藍尼沉默地坐在那裡。他覺得有時候和人交談很難，像和愛咪的談話，就是其中一例……但光是談這些事情，似乎就可以喚起他內在奇妙的能量或激情。「我想要這些，因為……我能告訴旅鼠，我們相互依賴的程度有多高，還有，我們如何可以從形成共同體中找到歡樂。」

　　愛咪和藍尼驚訝地互相看著對方。

　　令人驚奇的是，他們只是簡單地互問為何想要這些，就能使他們學到那麼多。

　　愛咪再一次問道：「好，為什麼成為共同體對你如此重要？」

　　藍尼想了很久，「我此時無法回答為什麼，」他最後說，「我要它，因為我就是想要它。」

　　愛咪試圖整理歸納藍尼的想法。「所以，你的使命可能和協助旅鼠從形成共同體當中找到歡樂有關，而做到這點的一個方法，是成為能激勵別人的演講者。」

　　「答對了！」藍尼說。他開始展露了溫暖而開懷的笑容，因為他了解到，在他的使命及他真正想要做的事情之間也許有些連結。

　　突然，藍尼知道他必需離開拒絕跳崖一族。對他來說，

現在已經很清楚，他們的目標不是他想要的，他很驚訝自己以前沒有看到這點。

「啊呀，」他說，「真的很難思考這些東西！難怪大多數的旅鼠會去跳崖，因為跳崖比了解自己要容易多了！」

愛咪與藍尼同時沉默下來。

當他們坐下來，愛咪發覺她自己再度望著峽谷另一端的

那棵樹。她又想到她的使命：提一些能開拓視野的問題，並檢視新的存在方式。

她忽然想到一個新問題：「藍尼，你覺得峽谷另一邊，有什麼東西？」

藍尼聳聳肩。

突然間，愛咪知道她要做什麼了。

第 5 話

旅鼠跳崖慶典

幾天過去了，愛咪努力工作。

「喔，愛咪，妳在這裡，」藍尼從一棵樹旁邊繞出來說。

「明天就是旅鼠跳崖慶典了，大家都在問妳。」

「我知道，」愛咪說，「我正在工作。」

「這是妳的工作？」藍尼問道,「看起來妳好像在石頭上畫了棵樹。」

「不只是樹,我畫這棵樹幫助我集中注意力,」她回答。

「妳正在把橡膠樹的葉子縫在一起?」

「嗯,」她說。

藍尼不知道要說些什麼,「所以,」他結結巴巴地說,「我聽說,今年跳崖慶典的貓王模仿秀競爭很激烈……」

「那很好呀!」愛咪說,她頭也不抬地繼續工作著,「你可不可以幫我蒐集更多的橡膠樹葉?謝謝。」

二話不說,藍尼開始蒐集橡膠樹葉。

工作時,他不時偷望著愛咪,暗自驚訝地想,「我想沒有任何事情可以阻止她。也許,當你知道你真的想要什麼,就會變成這樣。」

「想想看,假如每一隻旅鼠都能了解我們的使命,還有我們想要創造什麼,就能一起完成很多事情。」

那天晚上,藍尼幫愛咪將橡膠樹葉縫在一起,他們各懷心事,安靜地做著工作,直到太陽升到地平線之上。

這天早晨，跳崖慶典開始了。

當旭日逐漸東昇，草原上開始迸發出能量。

「歡迎來到旅鼠跳崖慶典！」一隻年長的旅鼠對著擴音器大喊。

「我打算做個天鵝潛水！」一隻旅鼠說。

「我打算做個加農砲彈！」另一隻笑著說。

「看看他們的團隊精神！」漢斯在自助餐桌上笑嘻嘻地說，他嘴裡正在嚼著免費的烤肉。

「嗚，嗚！」女士們尖叫著，扮演貓王的演員旋轉地脫掉衣服，將圍巾和甜甜圈丟到懸崖邊。

「我們不要跳崖！我們不要跳崖！」拒絕跳崖一族的會員在群眾旁邊高喊著。

現在，是愛咪採取行動的時候了。

藍尼幫她把橡膠樹葉縫的橡皮筋綁到彈弓上，另一頭則綁在她的腰上。

　　然後，他在她身上繞第二條橡皮筋，將她固定在身後的木椿上。

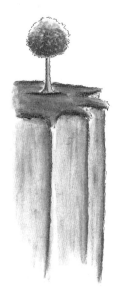

　　愛咪要做的，是啃掉綁住她的橡皮筋，而她將會被射向峽谷，到達對面的那棵樹上，以及等待她去探索的另一個更大的世界。

　　藍尼抱著她悲傷地說：「祝妳好運！」他了解到他會多麼想她。

　　愛咪開始咬掉橡皮筋。

　　但是，她做了一件她始料未及的事，那就是猶豫！

　　她看看她後面。那裡，是她從小生長的美麗綠野，她可以看到藍尼因為淚流滿面而把兩頰的絨毛弄亂了。

　　然後她看著前面。她看到高聳的懸崖、又深又寬的峽谷，還有對面的那一棵樹。

　　她僵住了。她與目標之間的張力是那麼地強大，橡皮筋的一端將她緊緊地拉向她夢想中不確定性的未來，而另一端也緊緊地將她拉回安全而舒適的現狀。

　　愛咪突然大哭起來，「我做不到！」她說，「我做不到！」

　　她吊在那兒，懸了好長好長一段時間，不知道該如何選擇，甚至無法呼吸。

　　「為什麼每一件事情都得這麼辛苦？」她絕望地問藍尼，「為什麼我每次快要得到我要的東西，就突然間開始覺得我得不到？」

　　「不要管那些感覺，」藍尼鼓勵她，「它們會毀掉一切！」

　　「不，」她嘆口氣，「我不能裝作好像不在意那些感覺，這樣只會使我更像拒絕跳崖一族的會員。」

　　有了這層了解之後，她感到自己的焦慮減輕了些。

「我們不要跳崖！我們不要跳崖！」拒絕跳崖一族的會員高喊著。

「請到起跑線……預備……跑！」年長的旅鼠鳴槍大喊著。

「呀呼！」旅鼠們爭先恐後地衝向懸崖邊。

「我得到啟示了！」漢斯齜牙咧嘴笑著，自動自發地跳下懸崖。

　　甚至有些拒絕跳崖一族的會員，再也無法抗拒這股拉
力，改變立場衝向崖邊。

「妳必須做選擇！」藍尼小聲地告訴愛咪。

愛咪深深吸了一口氣，想著她真正想要的。

她看看樹。

再看看藍尼。

然後，她切斷了橡皮筋。

　　飛躍了峽谷，愛咪感覺到風呼嘯吹過她的毛皮，她操控著她的手腳，朝向那軟軟的、茂密的樹飛去。

　　然後她朝下一看。

　　她看到峽谷的底部是尖銳的岩石，這可怕的真相正等待著這群落下的旅鼠。「不要！」她大喊著。突然間，她開始猶豫，並且開始轉向。

　　「不要往下看，」她殘酷地告訴自己，「集中注意力在樹上！」她將目光從毛骨悚然的下方移開，再次堅定地看著那棵樹。

　　她朝著樹飛去，她的手跟腳張開，乘著風到達峽谷的另一端。

　　伴隨著輕輕的呼嘯聲，愛咪最後降落到那棵樹的茂密枝椏裡。

　　她就閉著眼睛躺在那兒，甚至覺得不需要東張西望。

　　因為，奇怪的是，她從來都沒想到，這個世界似乎比她預期的大，而且充滿著更多的可能性。

最終話

嶄新人生

在愛咪傳奇式的飛躍峽谷之後，草原的一切從此改變。

藍尼成為激勵別人的演講者，啟發旅鼠們了解共同體的價值，認同並接受每一隻旅鼠對團隊貢獻的獨特行為。

有了藍尼的指導，弗來明了解到他的使命是，「促使其

他旅鼠去探索。」

　　他解散了拒絕跳崖一族，成立了旅鼠運輸航空公司（TransLemming Airways），用愛咪發明的橡膠樹葉彈射系統，把搭乘的旅鼠從懸崖的一端一起甩到另一端。

　　當愈來愈多好奇的旅鼠嘗試「彈射」，有些旅鼠則帶回來令人驚喜的新食物，還有許多他們在「另一端」發現的妙聞趣事。這個系統後來成為旅鼠世界裡新興貿易經濟的基礎。

　　老一輩的旅鼠拒絕停辦「跳崖慶典」，他們堅持，對他們的傳統和族群認同感來說，這項活動太重要了。所以每年，許多旅鼠繼續選擇跳崖做為結束生命的方式。

　　儘管如此，藉著藍尼的幫助，愈來愈多旅鼠開始問「為什麼」，並且開始思考讓生命有意義的事情。

　　在決定命運的一跳之後，漢斯這位顧問嚴重腦震盪，損壞了腦葉，因此他任由其他顧問對沒有附加價值的工作超額收費。今天，他是社會中頗具生產力的成員，在佛羅里達基維斯特（Key West）經營潛水生意。

至於愛咪，她每天仍然在問自己問題……

並且發現了更大的世界，以及新的生存方式。

細看
〈旅鼠的困境〉

你是誰？你為何存在？

你活在世上的目的是什麼？你期望創造什麼？

對如此簡短的故事來說，這些是令人頭痛的問題，但是表面上看來，這些問題本身也相當簡單。令人驚訝的是，有許多人（還有許多旅鼠）活了大半輩子，卻從來沒有想過這些問題。多麼令人慚愧，因為如同愛咪和藍尼的探索，這些問題裡面蘊藏著許多的能量。確實，當你反思過這些問題，你會發覺你的內在開始發生一些有趣的改變。現在閱讀時，請開始思考這些問題，讓它們留存在你的腦海中。想想你在世界上扮演的角色，以及哪些事情讓你感受到最強烈的意義及歡樂。

你是誰？你期望創造什麼？

活在第十段變速中

　　想像一下你的人生就像一輛固定的十段變速腳踏車，腳踏車的後輪是個發電機，當你踩下踏板，旋轉的渦輪會產生能量，點亮你身旁的一個大燈泡。現在想像在你周圍有許多人，他們也都騎在十段變速腳踏車上，每個人都有自己的發電機和燈泡。你放眼望去，注意到雖然許多人很堅定地踩著踏板，產生足夠的能量來點亮燈光。但是其他人卻很粗暴地踩著第一段變速的踏板（最費力的那一段），他們所付出的努力只夠勉強點亮一盞明滅不定的燈光。

　　但是你還看到，有一小群人輕鬆地踏著第十段變速，不費吹灰之力地對後輪提供強大的扭力，使後輪轉得很快，並轉動出模糊的光影。這些騎士們產生的能量足以照亮一間房子、鄰家的屋子，甚至照亮整個城市！

　　請問你自己：

• 為什麼有些人畢生花了許多的努力，卻難以得到期望的結果？

• 假如第十段變速可以得到這麼好的效果，大家為什麼不都在第十段變速呢？第十段變速的腳踏車騎士有什麼不同？

• 你是哪一種騎士？

　　〈旅鼠的困境〉是一個關於自我超越的故事，所謂自我超越，是以一種較為經濟的方式，持續創造生命中想要的結果。或者，如果你喜歡的話，你可以把自我超越想成活在第十段變速中。自我超越的實踐者，經常會釐清他們的一些感覺，包括自己對世界的獨特貢獻、持續成長，而且有意無意地創造出一些可以提升世界和其他人的成果。

與組織的連結

　　組織中愈來愈常談到自我超越，有些人會抱持著懷疑的態度，最常見的反應是：「這些東西聽起來好像『軟技巧』或『棘手的事情』」、「在我們的組織裡面，就沒有一些更緊急、可衡量的工作可做嗎？」

　　抱持這種假設的人可能認為，組織畢竟是由個人所組成的；同樣地，高績效的組織是由一群高績效個人所組成。記得藍尼的觀察：「假如我們每一個人都知道自己為什麼存在及想要創造什麼，我們這群旅鼠就可以一起完成許多事情。」這種修練能不能夠發揮它的驅動力，就要看組織成員是否受到源源不絕的內在動機所激勵，進而使組織不斷創新。

　　許多領導者就像旅鼠的長老們，為了要使組織成員合作

無間，花了許多時間建立了願景或使命宣言。結果，大家對這些使命宣言反應冷淡消極，這一點都不令人驚訝；畢竟，使命宣言這種懸掛在大廳中央的精神喊話並沒有魔法。事實上，如此難懂的宣言往往抓不住組織為什麼存在的本質，尤有甚者，它們通常沒有和員工的熱望連結。今天，組織的領導者努力更深一層釐清組織及個人存在的理由；與此同時，一種新的覺察也出現了：只有看到組織願景與個人最關心的事物連結且一致時，大家才會全心認同組織願景並投入。

對組織來說，自我超越不只是個人的事情，也是有關領導力的議題，領導者藉著啟發人們探索自己的使命，並且建立有助於實踐自我超越的環境，就可以開始加強組織使命與個人使命之間的一致性。在愈來愈難留住人才的時代，能夠發展自我超越（然後使員工與共同願景結合）的企業，在市場上會有絕佳的優勢。在組織及個人層面專注於這些自我超越的技巧後，令人驚訝的事情發生了！組織將會有所改變，員工從遵從的工作態度（老闆叫我做什麼我就做什麼），轉變為投入工作（我待在這家公司，是因為我相信我所做的事，我很在意這些事，務求加以落實。）

關於共同願景及自我超越在組織上的應用，還有很多部

分值得討論，〈旅鼠的困境〉是由個人的實踐開始探索這項修練——如果你願意，你可以一次探討一隻旅鼠。自我超越的核心是一種密集的個人追求，而且它不會偶然發生，而是每個人都要選擇踏上的自覺之旅。一開始，你要做的是停止踩踏板，找個安靜的地方，檢視更深一層的內在自我。

你的生命：形式及結構

下次有機會的話，拿張椅子坐在河流或小溪旁邊，記錄下水如何流動與改變，觀察它流到下游時的變化與移動。它表面上可能只有點點漣漪，看來似乎聞風不動，像一條平滑的玻璃帶子，匯入稍遠的下游。然後，就在下游那裡，平靜的河流頓時變成混沌不明，水面下湧出漩渦的轟鳴聲。當然，這有點奇怪；常識告訴我們，它一定是遇到大石頭或是有一棵倒下的樹阻礙了水流，或者是河床突然變淺了，但是我們常常看不到這些水面下隱藏的結構，而只看到水面的變化結果。

你的生命也是由這些隱藏的結構所刻劃出來，你會見到表面平靜或混沌不明，你生命的方向可能曲折離奇或一目了然，你應該可以感受到一股強大的水流，或涓滴的溪流。假

如你觀察得深入些，就會發現這隱藏的結構在主導你的人生。

　　假如你回顧整個旅鼠的故事，你會發現有許多結構在影響旅鼠們的行動。跳崖的本能是一個結構，也就是族群本身的文化壓力及社會期待。旅鼠長老們的管理方式是另一個結構，還有牠們生活在離懸崖很近的區域又是一個結構。這些結構共同促成了幾乎無法抗拒旅鼠們跳崖的環境。

　　如同愛咪所發現的，當我們暴露出這些結構，重新塑造我們生命的新契機才會出現。當我們不願承認或識別不出結構時，它們就會牢牢地將我們束縛住。

　　結構可以是外來的，例如，別人的行為可能對我們有很明顯的影響；同樣地，生物學、法律、地形，甚至地心引力，都是影響我們生命型態的外在結構。但是，結構往往是內在的，而且可能威力更大。有些人因為曾被虐待而留下心理創傷，有些人因為具有特殊能力與天分而受到肯定。我們都有自我的意識及心智模式，＊這些自我意識及心智模式都很難浮現出來並加以檢驗。

　　所以，如果讓這些結構在工作及生活上發生作用，人們

＊ 關於心智模式一詞，請參閱故事3〈洞穴人的陰影〉。

會如何改變呢？

　　讓我們回到河流的場景，假如你想要在河流旁邊建造一個魚池，你可以從河裡面舀水到池塘裡面，也可以用你的雙手，改變水流的方向。當然，這樣是毫無效果的，你無法藉著操縱水流而改變它的方向；相反地，你必須改變河床的結構，你可以挖一條新的溝渠，然後將地挖空，並把水引到池子裡面。

　　聽起來理所當然，但我們對自己的生命卻很少做到；相反地，我們會嘗試操縱生命的形式——那些表面的東西。如果我們想減肥，就開始節食；假如我們心情不好，就去找朋友、逛街、看電影等。

　　而在故事裡面，旅鼠們為了要對抗權威，本能地成立了「拒絕跳崖」示威聯盟。所有的對策，就好像腳踏車騎士們愈來愈快地踩著踏板點亮燈泡，這種令人精疲力盡、反應導向的對策，只會帶來平庸及短暫的結果。如果要找到能通往持久改變的途徑，就必須更進一步探索結構的層面。

　　對你自己的反思：請思考下列這些可能會影響你生命的結構，包括生物學、生理學、經濟、地域、社交、政治、天賦能力、個人限制、家庭經驗、個人信念、家庭、朋友、同

僚等。

　　選擇兩到三個項目，針對每個項目，自問：
• 這個結構如何影響我的生命？
• 它如何影響我看待自己的方式？以及與他人相處的方式？
• 它如何影響我發揮能力，以及我的處世之道？

　　如果你能找一個很了解你的人，或者找個能問你關鍵問題的教練一起反思這些問題，效果可能更好。

創造性張力：改變的核心結構

　　在《阻力最小之路》一書中，作者羅勃・弗利慈（Robert Fritz）告訴我們，要突破自我抗拒的限制結構，就要建立全新的結構。這種結構會自然引導我們走向目標，他所說的「阻力最小之路」，就是這個意思。水會順著河床流動，因為那是最容易使能量流動的方式。

> 有些人始終能以最省力的方式，持續創造出一生中
> 想要的結果。這些人所做的，無非是遵循阻力最小
> 之路。

> 這種轉換心智模式的想法，牽涉的層面之多，令人驚

訝。大家不是老在說，真正的成功者比較聰明、比較堅忍，或是更為努力？當然，從成功者身上可以找到這些特點，但是這些特點並不是自我超越的核心；反之，自我超越程度高的人，都善於在生命中創造新結構，而這些新結構又自然且有效率地帶領他們邁向自己的目標。

弗利慈解釋，有一個非常具有威力的核心結構，可以讓生命中的改變發揮作用，稱為**創造性張力的結構**。我們來看看它如何對我們的生命產生作用。當你開始釐清你期望的未來狀態或願景，也深深意識到你的現實狀況，就會在你的現狀及目標間創造出一個差距，這個差距會產生張力。因為張力會自然去尋求解決之道，所以這個差距會縮小，就好像一條橡皮筋，將你拉向你的願景。它不會反向將你拉回現狀，原因在於願景比現狀來得穩定，現狀總是在改變，這就是為什麼願景的清晰度如此重要了。沒有清楚的願景，就沒有方向，也沒有張力。

假如這對你是一個新觀念，你可能會覺得有點奇怪，但這個觀念其實很

想要的未來
狀態

我的現狀

平常。還記得愛咪在故事中應用創造性張力嗎？她不是靠著純粹的意志力飛躍懸崖，而是靠著橡膠樹葉做的橡皮筋張力（創造性張力的隱喻）。對愛咪來說，張力來自於她的現狀（在草原上生活）及她對未來的渴望（想要飛躍峽谷到達另一邊的那棵樹）之間的差距。

即使你沒有意識到創造性張力的存在，在你不斷改變的過程中，創造性張力已經持續影響著你。就好像河流一樣，你總會流到某處的，但是運用了創造性張力，你可以決定你要流到那去！

將創造性張力運用到工作之前，讓我們先了解創造導向，以及反應與創造的不同。

反應與創造

有兩種基本的傾向在影響我們的生活方式，以及我們行事的理由，這兩個傾向就是**反應導向**與**創造導向**。

如同拒絕跳崖一族，我們常常會以反應導向的觀點，來看我們在世上所處的位置。通常我們會去注意到我們「不想要」的事物。反應導向的問題是，我們無法創造任何新的東西，而只是避免它。這並非一無事處，如果你的腳上有刺或

廚房裡有螞蟻，反應導向的策略也許還合適；但若當作生活方式來應用，對於創造持續的領導力、創新或建設性的意義，毫無助益。

相形之下，創造導向讓我們準備好接受新的可能性、持久的變革，以及常態性的調整。請注意，「創造導向」並不一定需要「具有創造力」，而是比較有關進入產生張力的核心結構。進入這個境界的人，會問一連串完全迥異的問題，「我想要創造什麼？」，「我真心想要促成什麼？」

儘管愛咪也具有旅鼠挑戰跳崖的本能，她仍然選擇專注於對她最重要的事情，最後的結果就是在旅鼠當中產生新的可能性，進而引發漣漪效應，這就是創造導向的效用。

當愛咪發現，探索一些問題，例如「我是誰？」、「為什麼我在這裡？」，會啟動創造性張力的結構。這個結構把她帶到一個全新且令人興奮的世界，你也可以做到。

對你自己的反思：

• 你注意到自己最常生活在反應導向或創造導向之中（在工作上或家庭裡……）？

• 當你滑落到反應導向時（並不一定需要進入反應導向），你做了什麼事，讓你轉移到創造導向？

• 你什麼時候最像是處在創造導向之中？當你處在創造導向時，你的想法、感覺和行動如何？

使命與願景

　　你是否曾經欽佩過一個人，這個人的生命是以一件重要核心事件為主軸，似乎有無窮的精力全心投入此事？我們通常都會有點忌妒這類人，但事實上，這些人也和我們一般人一樣，從使命和願景開始做起，差別在於自我認知。

　　知道自己真正想要的，以及為什麼想要它，可能異常困難。假如你正努力釐清這些自我對話的問題，不要覺得自己很愚蠢；事實上，自我的認知是很微妙的。

　　孔老夫子、柏拉圖、古希臘神話，都談及「自我認知」的挑戰。藍尼經過苦思之後終於說出，「難怪大多數的旅鼠會去跳崖，因為跳崖比了解自己要容易多了！」

　　〈旅鼠的困境〉說明了兩種自我察覺的情境──使命和願景，它們是自我超越的中心議題。兩者彼此雖緊密連結，但有些重要的區別：

使命	願景
• 回答這個問題,「我為何而存在?」 • 鼓勵探索的過程:隨著時間揭開並逐步展現出你的生命狀態。 • 是持久的:在你的生命中維持不變的東西。	• 回答這個問題,「我想要創造什麼?」 • 觸發行動,一種想像、發現及設計的過程;是你選擇它存在的一件事。 • 是變動的,你可以在你生命的課題中,追求許多不同的願景。

讓我們更進一步探索這些對生命的關照。

「我為何而存在?」:釐清你的使命

不論是生物的、機械的或組織的系統,所有系統都有一個基本使命或存在的理由。例如,家中配管系統的使命,就是送水到家裡或排水,一棵樹的使命是尋找陽光和水,所以它能成長、茁壯,成為整個生態系統的一部分並做出貢獻。

不論是否具象,一個組織也為了一個基本的使命而存在。迪士尼公司說,它們的使命是「使人們快樂」,可口可樂公司的使命是「讓世界耳目一新」,美國航太總署的使命是「增進人類探索天堂的能力」。

　　身為一個人，你也是一個系統，所以你自然會有使命。愛咪後來了解，她的使命是問一連串的問題，這些問題開啟了新的可能性及新的生活方式，藍尼的使命是幫助其他的旅鼠在社群當中找到快樂。

　　「使命」不是你創造的東西，而是你將注意力放在生命中最令你滿足、最快樂及最有意義的部分時所探索的東西。你現在要做的，是在你的使命逐漸展現時，試著更進一步了解你的使命。

　　當你愈來愈明白你的使命，它將會成為把綜效（synergy）帶進你生命（包含你的願景）中所有領域的基本元素，它是你生活的核心。想像一下，當你的工作不只是工作，而是你不可分割的自我延伸；這些關聯不再是被動形成的，而是帶有共同目的；每一個創造的動作都是有意義的自我表達。有使命的生活是充滿能量的，就如同藍尼突然發現到，他必須離開拒絕跳崖一族；了解你的使命會讓你明瞭，在生命中該採行的目標，以及該做的一切決定。

　　所以，你的使命是什麼？存在的理由是什麼？好問題，只有你自己才能回答。

　　思索自己的使命時，我們很容易犯和藍尼一樣的錯誤，

把達成使命的方式與使命本身搞混了。最初藍尼認為他的使命是成為激勵型的演講者，但他馬上了解到，他還有更深一層的使命，那就是幫助旅鼠們在社群當中找到快樂。成為激勵型的演講者，確實可以達到使命，但或許其他方法也有殊途同歸的效果。你可以用愛咪或藍尼的方式，開始分辨出你的使命：問自己，為什麼想要你想要的東西？例如，假如你想要創業、出一本書或組一個大家庭，那很好，但你知道這其中是什麼在吸引你嗎？假如你完成其中任何一項事情，它會帶給你什麼？為什麼它對你那麼重要？繼續往下探索得更深，就會幫你釐清你對使命的感受。

　　對你自己的反思：

• 想像你有一項獨特的使命，不論你做什麼事、扮演什麼角色，都可以達成它。你想，這個使命會是什麼？

• 如果你想要探索生命中的使命，請考慮：

　　—— 獨處反思；

　　—— 找個你覺得很清楚個人使命的良師益友談談；

　　—— 回想在你生命中發生過的一些深具意義的事件或活動。這些事件有沒有一些共通的主題？這些主題如何幫助你更深一層了解你的使命？

「我想要創造什麼？」：定義願景的特徵

　　現在，將焦點從使命轉移到願景的領域，亦即願景的定義或理想的未來狀態。正如愛咪將目標鎖定在峽谷對面的那棵樹，我們一定很清楚我們想要的東西，以便讓創造性張力結構推動我們前進。願景的詳細內容隨你自己決定，但有效的願景一定會有下列幾項特性。

- **明確且容易辨識**。當你將願景視覺化或完成時，願景會明確到讓你說出「啊哈！就是它！」「讓我組織裡的人更有社會道德」，像這樣的期望在威力和明確性上，就不如「在公司成立方案，讓公司同仁輔導內城區的貧困兒童。」同樣地，如果某人的願景是生活在寧靜、祥和且吸引人的家庭裡，當他們達到願景，就會了解這個願景。

- **是你想要，而非你不想要的東西**。這個想法既簡單又深奧。許多節食的人最後失敗，就是因為他們把焦點放在不想要的東西上（我不想要肚皮上有個游泳圈。）同樣地，許多人也像拒絕跳崖一族一樣，將願景定義為揚棄自己不想要的東西，不論是旅鼠跳崖慶典、負債、無聊的工作、難搞的董事會成員、核子武器、砍伐森林、法案，或是各

式各樣的衝突或問題。如此反應式的願景，確實可以解決某些問題，卻產生與創造式願景截然不同的結果。舉例來說，甘迺迪總統（John F. Kennedy）的願景「十年內將人送上月球」，或是金恩博士（Martin Luther King, Jr.）的願景「評斷一個人……是根據人格。」這些願景的重點並非揚棄某些事情，而是創造一些強有力的新事物，這是真實、持久創新的核心所在。

- **強調結果，而非過程。**愛咪將她的焦點放在峽谷對面的那棵樹上，以及發現這棵樹所象徵的新世界，她是後來才想到實際到達那棵樹的過程。記住，因為願景是最終結果的一項宣言──讓新的現實情況成真的宣告或圖像，所以「如何」達到願景，不會一眼就看出來。你了解願景的過程，就好像在操作一個創造導向，而且是純粹聚焦於願景的流程創造導向。對許多人來說，其中的挑戰在於，對變革的自然過程必須有信心，對自己在追求願景時調適和學習的直覺式能力也要有信心。令人驚訝的是，當你聚焦於產出時，到達那裡的路就會自行顯現！

- **是你想要的東西，只因為你就是想要。**當我們與一些高度自我超越的人交談時，可以很快感受到，他們是從深奧、

神祕，甚至精神上的層面立身處世。當藍尼說：「我無法回答我為什麼想要它，我想要它，只因為我就是要它」，他就已經進入這種內在的空間。

對你自己的反思：

• 想像你的生命就處於你真正想達到的境界──不管實際上是不是可能達成，你看見了什麼？

• 試著想想或冥想你「理想的未來情境」，問你自己：「我想要創造些什麼？」如果你讓自己毫無束縛地夢想，你能夠看到自己實現哪些既能激勵人心，又充滿愉悅的事情？你覺得自己最熱中的願景是什麼？

結合使命和願景

使命和願景一旦結合在一起，就會發揮無比的威力。例如，藍尼的願景是成為激勵型的講師，這和他的使命（幫助旅鼠們在社群當中找到快樂）是並行不悖的。同樣地，愛咪的使命是提出一些問題，以拓展視野和找到看事情的新觀點，這些新觀點促成她的第一個願景，亦即到達懸崖對面。一旦她完成這個願景，她就開始定義下一個願景，這也和她的使命一致：建造一雙翅膀，帶著她翱翔到更新、更遠

的世界。

使命和願景整合了之後，會讓決策更為清晰，正確的途徑似乎會自行顯現（就像藍尼突然了解到，他必須離開拒絕跳崖一族時所經歷的一樣。）我曾經和一位女士談過，這位女士是家庭及兒童心理治療師，同時也是才華洋溢的演講者，把使命和願景之間這種強大的關聯，具體表現得恰到好處。我請教她本身有什麼樣的使命時，她說：「我相信，我的使命是去照亮。」

「照亮？」我問。

「有一件事很有趣，」她解釋，「我諮商的病患常常使用燈塔這個意象來形容我或感謝我。這個隱喻一直在我的生命中出現，連我名字的意思都是明亮的星星。不過，這個譬喻確實很精確，當我幫助人們看見他們生命中的重要真相，以及他們過去從未看到的關係時，我感到最快樂。」

「妳如何讓妳的諮商及演講符合使命？」我問道，因為我假設這些活動對她來說最重要。

她想了一會兒，「這些只是協助我照亮的幾個方式，我會尋求這些方式，只因為它們與我的使命一致。」今天，這位女士已經完全脫離諮商的工作，成為全職的母親。她說，

這是一個很容易做的抉擇，因為她日後會很愉快地為她的小孩指點出明路。

當我們愈了解自己的願景與使命，在人生各種場景的任何活動中，就會愈有企圖心。有一位同事，她的使命是「建立對其他人的了解能力」，即使對人生中許多平凡無奇的差事，她也愈來愈明瞭。她說：「我現在一定要先確定開會或討論可以幫我完成什麼事，並且測試它是否與我的使命一致，我才會同意開會或討論。」

對你自己的反思：

• 假如你在前述的章節找到一個願景，問你自己：這個願景與我人生的使命有何關聯？若要識別這點，問你自己：我為什麼想要它？它能為我帶來什麼？然後寫下你的答案。接著再問，我為什麼想要它？寫下答案。繼續深入探索，你就會開始深刻了解你的使命。

維護張力

假如我們必須做的，只是找出我們想要的目標，然後等待創造性張力將我們拉向目標，我們的生命就會完全不同。但是，我們大多數人都可以證實，事情並沒有那麼簡單。

　　真相是，創造性張力是一種不穩定的平衡，很容易就滑出創造性張力結構，卡在反應導向的結構裡。回想一下愛咪乘風跨越峽谷時遇到的情況，她把目光從理想的未來狀態轉移到一項事實：她痛苦地察覺到自己的位置是在峽谷的中間，這種自我妨礙的經驗，相信每個人都曾經歷過。

　　在《領導聖經》（*Synchronicity: The Inner Path of Leadership*）一書中，作者約瑟夫·喬爾斯基（Joseph Jaworski）以一個生動的例子，說明焦點難以捉摸的本質。他的一位朋友邀請他去飛靶射擊，當時他已有十年沒使用過獵槍，通常一回合是 25 靶，一個技術高超的射擊手可以命中 23 靶，一般的新手能命中 12 靶就算相當不錯了。開始逐一射擊，射完 12 靶時，他已經 12 靶都命中。一些人聚集過來觀看，他射中一靶又一靶，一直到第 24 靶時，仍然維持在很流暢且相當平靜的狀態。前面 24 靶都命中，此時已經有相當多人圍過來觀看，其中一個人對他說：「再中一發你就滿分了！」此時，他開始聚精會神，然後做出最後一次射擊，卻失手沒有命中。

　　也許你經歷過，當你專注於打網球、寫一首詩、玩樂器，或設計一個新工作流程等活動，這些工作突然讓人覺得做起來不費吹灰之力——就好像它是自己發生，你只是一個

參與者而已。當你實際處於創造性張力的狀態，創造性張力就已經發生作用了！我們不需要控制這個過程。事實上，這會是令人振奮的經驗，因為張力會尋求解決方式，把你拉向未來理想的狀態。假如你發現自己在掙扎，或你覺得實現願景太困難了，這是一個警訊，因為你的目光焦點已經從願景移開，並且進入了反應導向的結構。

此時，可以藉由關照下列兩個核心的問題，重新回到創造性張力的結構：我想要成為什麼？我現在是誰？

讓我們進一步探討第二個問題。當你在追求你的願景時，一定要很誠實且持續地評估你的現狀。你現在在哪裡？有什麼東西阻礙了你的進度？你一定要注意的挑戰是什麼？你有什麼隱藏的信念或心智模式，使得創造性張力結構發揮不了作用？揭露這些問題，就會將這些問題潛藏的力量擴散。

持續挖掘出隱藏信念的負面效應，承認它們是你現狀的一部分，藉此對抗這些造成重大打擊的效應。我們的反應往往會和藍尼一樣：「不要管那些負

想要的未來　　　我的現狀
狀態

面的感覺……它們會毀掉一切。」（反應導向的作用在蔓延
了？）但愛咪並沒有試圖忽略這些負面情緒，而是持續忠於
創造性張力。「好，至少我知道這實際上有多困難。」她承
認了她的現狀，這使得她得以重新將目光焦點放在願景上。

　　這是很難做到的事，需要勇氣、持續自我反思，以及堅
持忠於現實真相。（如果你覺得無法抵抗整個過程，可能會
需要顧問或教練的協助，才能找到超越的方法。）為了願景
而追求自我認知，是我們時時刻刻要做的選擇。

　　對你自己的反思：

• 你對自己有什麼看法，讓你不易達成願景？
• 你一定要承認現狀中的哪些部分，才能朝願景邁進？
• 你可以建立或參與哪些結構、關係和前提，以協助自己持
　續朝願景前進。

我想要創造什麼？

　　你是誰？你帶給這個世界什麼獨特的禮物？你期望創造
什麼？

　　當你開始思考這些問題，你就展開了自我探索的豐富旅
程，而且這趟旅程永遠不會結束。每一天，你會比前一天更

清楚自己活在世上的獨特使命（你為什麼存在），以及你的願景（你的使命如何表現在你想要做到的事情中。）

　　我們往往將創造者視為雕塑家、音樂家及詩人，但是「創造」這個動作，其實是想像你所關心和要實現的事情。從這點來看，你是一個創造者，你的生命就是你自己的一塊畫布，等待著你的啟發，召喚著你來參與。成為塑造自己生命的積極參與者，是你生而為人的偉大權利之一。

　　如同所有的旅程，這個旅程也是從第一步開始，要踏上這一步之前，先問自己：

　　我為什麼在這裡？

　　我期望創造些什麼？

一些幫助團隊討論的問題

　　〈旅鼠的困境〉是在個人層次探索自我超越的原則，但是這些原則在組織層次也同樣重要。在開始思考組織層面的應用時，在你的團隊、部門或公司裡討論下列的問題。

• 你如何讓你們組織更能鼓勵自我超越的修練？可以納入什麼系統或結構，促使大家進行這項修練？

- 你們組織的使命是什麼？
- 你們組織有什麼願景？這些願景和組織的使命是否一致？
- 舉一個例子，說明你們組織是在反應導向中。再舉一個例子說明你們組織是在創造導向中。這兩種情況各有什麼結果？
- 你可以說明你們組織曾經啟用創造性張力的結構嗎？（換言之，這種結構側重在未來的理想狀態，同時誠實地承認自己的現狀。）你們組織是否能夠將焦點放在未來的理想狀態？最後的結果是什麼？為什麼？

洞穴人的陰影

洞察限制組織發展的信念

譯者導讀
現代洞穴人

劉兆岩

　　當我再次閱讀〈洞穴人的陰影〉這個故事時，有一種感
覺：故事中洞穴人布基的遭遇，好像似曾相識？我們都經歷
過在組織中提出大膽想法，結果招致懷疑、輕視、辱罵等各
種責難，而且這種感覺恐怕比布基被人用「菸灰缸」砸出洞
穴去更難受。為何如此？這就是故事的重點了，也就是關於
組織心智模式的故事。

　　〈洞穴人的陰影〉實在是值得一看再看的寓言故事，每
看一次就對心智模式有更深一層的了解。我非常喜歡故事中
所描述的高塔，如果你讀到故事後面對推論階梯的說明，就
更能感受到作者的用心良苦了。

　　組織中之所以會意見紛歧，往往不是誰看對、誰看錯的
問題，而是每個人都只看到事實的一部分，然後根據自己所
看到的部分事實，各自推論出自己的結論。久而久之，甚至

形成牢不可破的價值觀，所以才會有業務人員總是說話不算話，生產單位的人總是不知變通的矛盾出現。請先別急著下結論，將故事看完後，再回頭來想想。

　　故事後的解說，才是本篇的精華。若要徹底了解人的信念及價值觀是如何形成的，還有它們如何影響行動，就要進一步了解推論階梯的心理作用，它往往是造成衝突的根源。

　　組織中經過多年所形成的文化也好、經驗也好，原本都是幫助我們完成目標的心智模式，當我們想要開始改變時，原來的心智模式總是會成為限制組織發展的障礙；不僅如此，組織中的成員往往相當難以察覺它的存在。

　　透過〈洞穴人的陰影〉這個故事，可以深刻體會到心智模式對組織所造成的限制，也會讓我們驚覺到心智模式的影響竟然如此深遠。從遠古時代的洞穴人開始，這種現象就一直存在（我相信那是真的），雖然人類歷經幾千年的演化，直到今日科技一日千里，但我們受到心智模式的束縛與限制，與原始人並無差異，而成了未進化的現代洞穴人，依然習於躲在洞穴中觀看牆壁上的陰影。若要說這個故事的貢獻，應該就是一盞智慧明燈吧，照亮了限制我們的內心假設！

　　　　　　　　　　　（本文作者為羽白國際管理顧問公司總經理）

第 1 話

洞穴人沉思
他們的存在

曾經有一個時期，有五個洞穴人。

他們的名字是烏嘎、碰嘎、歐基、布基及崔佛。

他們一起住在洞穴裡面。

事實上，洞穴人從來沒有離開過洞穴。他們只是待在那兒，日復一日，等著死掉的蟲子和乾掉的葉子被風吹進來，才有些東西可以吃。

洞穴人也接受這種孤立的生活方式，因為他們相信，洞穴的出口就是宇宙的盡頭。

　　這樣的情形，使洞穴人對於存在，產生了一些有趣的反思。

　　「洞穴外面空無一物，走到外面、吹口氣——烏嘎就不見了。」烏嘎告誡大家。

「不是，外面是一隻大恐龍，恐龍會把碰嘎一口吞掉。」碰嘎反駁道。

「不是、不是、不是，」歐基說。「外面有一個瘋狂的巨神，亂踩亂跳，弄得亂七八糟。」

　　除了論點不同之外，這些洞穴人都有一點共識：他們絕
不離開洞穴。

　　事實上，只是為了安全，洞穴人們甚至從不面對洞穴的
出口。他們終其一生都背對著出口。

　　可以想見，洞穴一族的生活相當無趣，而且他們的背總
是被太陽曬傷。

有時候，動物會經過洞口，但是洞穴人從來都沒有看見，反而因為背對著洞口，只看見動物的影子投射在洞穴牆上。

對洞穴一族來說，這些影子就是事實。

所以，如果土狼跳過洞口，洞穴一族就會退縮到牆上的陰影之下。

或者，如果有蝴蝶飛過，他們就會高興得跳起來，追逐它靈敏、飄動的身影。

有一次，一隻瘋狂的長頸鹿在洞口外踩死一隻疣豬。

沒有人猜得出那是什麼東西。

洞穴一族從來都不了解他們對世界的了解是如此有限。

對他們來說，這就是事實，而且他們很滿足。

第 2 話

布基問了一個
令人抓狂的問題

每年春天來臨，洞穴一族期待在洞穴裡度過另一個豐富的季節，在牆上畫人頭圖，吃死掉的昆蟲，用黏土雕刻菸灰缸（是的，菸灰缸。洞穴人在製陶術方面還不夠純熟，所以儘管他們花了不少工夫，做出來的東西怎麼看都像「菸灰缸」。）

但是，在一個風和日麗的春天早晨，布基醒來，覺得焦躁不安。

「布基又餓又無聊！」他邊說邊嚼著吹進洞穴的木蘭花枯葉。

看著洞內一成不變的褐色牆壁，他若有所思地說：「布基想知道山洞外面是什麼。」

其他人非常震驚地瞪著布基，從來沒有人說過類似的話。

布基試著解釋說：「布基只是在想，外面是否有更多的食物、更多的水，或更大的空間。」

「布基在說什麼？」烏嘎一臉懷疑地問道。

「這裡有足夠的空間，」碰嘎突然說。

「也有足夠的食物，」崔佛補充說，一邊吸吮著一塊石頭。

「但是，我們只能看到洞穴裡面的東西，」布基說。

「假如我們沒有看到真正的事實呢？」

這個問題讓其他的洞穴人很困擾，他們開始生氣。

「布基挑戰烏嘎的信念，」烏嘎說道

「布基失去了理智！」碰嘎說。

「布基已經迷惑、中邪了，」崔佛做了結論，他最會熟練使用心理學上的泛論給別人貼標籤，藉以緩和他自己的不安全感。

「布基想要破壞一切！」歐基指控說：「這樣做，可能會毀滅我們！」

「假如布基如此好奇，」烏嘎咆哮著說，「那麼布基可以離開這山洞！出去外面，吹一口氣什麼都沒有了！」

「讓瘋狂的巨神把你當蟲一樣壓扁！」歐基噓他。

「出去讓大恐龍一口把你吃掉！」碰嘎大叫。

崔佛從地上撿起一個菸灰缸丟向布基，其他人也加入，攻擊這個受到驚嚇的洞穴人。

「滾出去！」他們齊聲大喊。

布基被砸得跑向洞口，這是他生平第一次面向洞口。

「滾開！」其他人大喊。

忍住眼淚，布基跑向山洞的出口……

奔向外面一片光明的世界。

第 3 話

布基
張大眼睛看世界

布基莫名其妙受到同伴激烈的攻擊後，茫然地在洞口外徘徊，直到累倒在地上。

隔了很久，他還是躺在那兒，茫然地哭著。

為什麼他的同伴突然如此野蠻地對待他？他只不過是問了一些問題。對他來說，這些似乎是很簡單而且合理的問題。

最後，布基擦乾眼淚，抬頭一看，吸了一口氣。

外面的世界真大——大到布基從來都無法想像。

他看到既驚人又多樣的生物。有些生物，他依稀記得在洞穴中看過影子，但是光看影子，就可以想見牠們實際上是何等美麗。

在敬畏中，布基開始探索。

　　布基開始步行探索很長一段時間，直到他看見遠處好像
有一個人坐在山坡上。

　　當他靠近，他才看清楚，確實是一個人，而且是一個非
常、非常老的人。

「您好，我叫布基，」布基說著，並靠近他。

「我是坐在山邊的智者和先知，」這個人說。「或者，你也可以叫我麥克，請坐。」

布基坐在麥克旁邊。

「我知道你來自洞穴，」麥克說。「歡迎到外面的世界來，你是第一個出來的人，還有其他人跟你一起出來嗎？」

「沒有，布基一個人出來。您怎麼知道我從洞穴出來？」

「你的文法很原始。」智者說，「為什麼洞穴人從不用冠詞及代名詞？我很納悶。」

　　布基臉紅了，但麥克繼續說：「我一直等待有一天，所有的洞穴人能夠再次脫離各自的洞穴，重新移居到這塊土地上。」

　　布基很驚訝。「還有其他洞穴人住在其他洞穴？」他問道，小心翼翼地說出這句話，確定文法沒錯。

　　「喔！是的。在這片土地上，有許多許多人住在數以百計的洞穴中，」麥克憂傷地望著遠方說。「他們從不出來，從不學習。」

　　「為什麼那麼多人選擇住在洞穴裡，即使世界是這麼大？」布基問道。

　　麥克回答：「這要從很久以前開始說起……」

第 4 話

麥克說了
「雙族記」的故事

　　「故事要從進入新石器時代的前 45 個單位時間說起。」
麥克說,「你的祖先當時全都住在一個大部落裡,大概就是
我們站的這個地方。他們的人數每年都在增加,曾經有一段
快樂的時光。」

　　「但是,後來人數增加,這個區域無法再負荷這麼多
人。食物變少了,人們吃不飽。大家了解到,如果要生存,
就必須分散人口。」

　　「人們開始著急,所以他們聚集到長老面前開會,這些
有智慧的長老告訴他們:『去蓋一座高塔,就可以極目遠望
周遭的環境。我們對這塊土地了解得更多,就會知道該做什
麼。』」

　　「所以,大家就開始行動。」

　　麥克深呼吸後,繼續說:「在好多、好多天之後,族人
回到長老這裡。」

　　「你們蓋了高塔嗎?」長老問道。

　　「我們已經蓋好了!」族人回答。

　　「你們是否看到我們周遭的環境?」長老問。

　　「是的,我們看到了。」族人回答。

「那麼，我們必須做什麼才能夠生存？」

有一群人宣稱：「我們一定要做出竹簍及倉庫來貯存食物，還有織布機來製作帳篷。只有這樣，才能生存在這塊土地上。」

但是，另一群人卻宣稱：「不是，我們必須造出長矛、陷阱及工具來打獵。只有如此，才能生存在這塊土地上。」

第一群人回應說:「假如我們浪費時間製作長矛、陷阱及工具來打獵,族人肯定會滅亡!」

　　第二群人也說:「不對!假如我們浪費時間製作竹簍、倉庫及織布機,那才會滅亡!」

　　「所以,長老也被搞糊塗了,」麥克說。

　　「我也是,」布基說,他全神貫注睜大眼睛,而且吸吮著石頭,緊張地問,「後來怎麼了?」

　　「後來,他們非常生氣。」

第一群人告訴另一群人：「武器是用來廝殺的，製作武器是野蠻的行為，你們是野蠻人！」

第二群人回應：「坐下來編織竹簍，讓大家餓死，這是膽小的行為，你們是懦夫！」

所以他們交相指責：「野蠻人！」「懦夫！」「暴力的動物！」「抱樹的笨蛋！」

雖然，布基不大清楚抱樹的笨蛋是什麼？這樣的互動卻喚起他離開洞穴的痛苦回憶。「邪惡」及「中邪」是他朋友

對他的形容。

「後來，怎麼樣了？」布基問。

麥克沉默了一會兒，憂傷地望著遠方說：

「這個部落分裂了，一群人去編織他們的竹簍，而第二群人就去做他們的長矛。最後，這些擁有長矛的族人，趕走了其他族人，這些人跑到山裡裡面躲起來。之後，擁有長矛的一族內部也開始互相爭吵。最後，彼此反目成仇，真是可怕。」

「所以，他們真是野蠻人和懦夫，」布基評論說。

「不，至少剛開始不是這樣，但最後確實變成如此。他們替對方貼的標籤成為事實，怎麼會變這樣，有趣吧？」麥克問。

真的很有趣，但布基並不確定自己是否了解整件事，他決定要再想想。

「現在，大家到哪兒去了？」布基問。

「在洞穴裡，每個人都住在洞穴裡，」麥克輕輕說道。

有好長一段時間，布基及麥克只是坐在哪裡，望著那遼闊、空蕩蕩的大地。

第 5 話

探索「雙族記」
讓布基頭痛不已

　　布基試著了解麥克所說的「雙族記」。他想到自己在洞穴中的遭遇，似乎和這些事情都有關聯，但他不確定是怎樣的關聯。他希望他那未進化的腦袋能夠進化些，這樣他也許就能完全了解麥克故事的含義。

　　最後，布基問：「為什麼一開始族人有歧見？為什麼分成長矛及竹簍？布基不懂。」

　　老人的眼睛亮起來。「喔！非常好的問題。布基，讓我們回到一開始的問題，為什麼你會認為他們彼此有歧見？」

　　布基想了一下，最後回答說：「不確定，但是有點像牆壁上的影子。」

　　布基可以看出智者不大了解他的話。

　　「嗯，」他小心翼翼地說：「也許每個人都誤解世界，就像看影子一樣。我們看錯了，所以行動也錯了。」

　　「非常好，布基，」麥克說。「但是，或許不是看錯，而是只看到片段。我們的祖先就是遇到這種狀況。跟我走，我帶你看些東西。」

布基和麥克走了好幾英里，到這塊土地的最東邊。他們來到多年前由他們的遠祖所建的其中一座高塔，這座高塔雖然歷經日曬雨淋、搖搖欲墜，但還是高聳豎立著。

　　「爬上去看，」麥克說。

　　布基小心爬著盤旋到塔頂的傾頹石階。

　　從塔的頂端，布基可以看見東邊的區域，那是一片布滿石頭的崎嶇土地，有許多水牛、麋鹿和羊群。

　　布基可以了解，在充滿許多野生動物的土地上，確實需要長矛、陷阱及工具來獵捕動物。

他眉頭深鎖，爬下了高塔，回到麥克身邊。「跟我來，」
麥克說。

　　他們又往另一個方向，步行了好幾英里路，來到另一個
殘破不堪的高塔。從這個高塔可以眺望西方。

　　布基爬上了高塔。

　　從塔的頂端，布基可以看到西邊的土地，這裡不像東邊，是一片樹木茂盛的區域，長了許多葡萄藤、玉米及野生的棉花樹叢。

　　布基可以了解，在這片林木茂盛的大地上，當然需要竹簍、倉庫及織布機才能利用資源。

現在，布基終於明白為什麼兩個部落的族人要反目成仇了。兩座不同的塔，形成兩種不同觀點。

「我們只看到一部分……，」他喃喃自語站在哪兒，沉思了好一段時間。

最後，布基離開了高塔。他看來很沮喪。

「真是愚蠢，」他告訴麥克，「為什麼要對立？為什麼因為觀點不同打架？為什麼不爬到對方的塔上，這樣一來，每個人就了解彼此的見解為何不同？」

「看起來很容易，不是嗎？」麥克回答。「但是他們沒有這樣做，反而劃清界線，彼此對立。你覺得為何如此？」

布基不大確定，但是這種情況確實會發生──尤其是一般人被問到自己的看法，或被建議用不同角度看事情時，往往會非常生氣，接著就是給對方貼上標籤……像個瘋子、野蠻人或懦夫……然後，接踵而至的就是更嚴重的攻擊，例如丟菸灰缸，甚至足以讓人致命的長矛。

布基覺得這是另一件值得深思的重要事情。

突然，布基轉向麥克。

「布基要回去了，」布基說。

「你要去哪裡？」麥克問

「回到洞穴裡，一定要告訴他們我看到什麼。不要再分裂了，不要再躲在洞穴裡，不要再吃那種食物了。」

「一定要給其他人機會，去爬更多的高塔，一定要在一起看到更多的真相。然後，我們會再度變得人數更多，我們可以吃肉、喝酒、蓋帳篷，住在同一大片土地上！」

「小心！」麥克警告他。「還記得像你這種好奇的洞穴人離開洞穴有多痛苦吧！再想像一下，要讓安於待在洞穴裡的人離開洞穴，那更是難上加難。」

「我告訴他們外面的世界有多大、多好，教他們用新觀點來看事情，他們就不會安於現狀了。」

布基說完就轉身離開。「其他人會想學得更多、看得更多。」

「布基！等一下……！」麥克試著叫住布基。

但布基已經走了。

最終話

布基回到
自己的洞穴

走了好幾英里路後，布基快到他以前住的洞穴入口。

從洞穴深處，傳來烏嘎、碰嘎、歐基及崔佛熟悉的吵鬧聲，及他們吃著死蝗蟲的聲音（布基突然覺得這種生活真是不堪回首。）

布基內心感到哀傷、害怕，他的朋友是否還會對他暴力相向？如果他告訴他們關於影子的事，還有外面的世界，他們會攻擊他嗎？

或者，他們會開明地加入布基，一起探索他們都曾經相信的事情？

布基發抖著，深深吸了一口氣。

「假如他們不想學習，」布基邊走邊想著，「我會找其他想學的人。」

他想到，麥克告訴他，還有許許多多的洞穴人，住在數以百計的洞穴裡……

但事實上，是數以百萬計的洞穴！

結束

細看
〈洞穴人的陰影〉

等一下，還不要闔上書本！

你或許正在想，「呃……最後這個部分，看起來不像前面那麼有趣。」不要緊，假如你想跳過本書的這個部分，享用故事本身的原味，請不必客氣。只有當讀者能夠按照自己的步調發現隱喻的意義，隱喻才能夠發揮真正的威力。

然而，深層學習時，如果能夠一併進行反思和實驗，效果往往最好。接下來這幾頁，就是為了這個目的而寫的。你在探索〈洞穴人的陰影〉當中所出現的各項主題時，這個部分將有助於進行反思。所以，你可以自行選擇，是要單純欣賞故事的「原貌」，還是要更深入一點，做某種屬於個人的探險。

還在繼續往下看嗎？那麼你就像布基，是個愛好更深入

理解的人！這個途徑可以讓你更深入了解複雜的人類經驗，但在這裡要先奉告，在接下來幾分鐘內，我們將要檢驗你的思考，探究你感知和詮釋世界的方式。就如布基學習到的，這可能不容易做到。如果你有心亂的感覺，那麼就讓它亂吧。亂的另一面，就是真正的學習！

陰影和光

　　〈洞穴人的陰影〉是一個關於心智模式的故事。心智模式這個名詞是 1940 年代由蘇格蘭心理學家肯尼斯・克雷克（Kenneth Craik）所創用的，我們所下的定義則是：「心智模式是我們對自我、世界、組織，以及我們該如何跟它們配合所抱持的根深柢固信念、圖像及假設。」

　　心智模式不是抽象、學院派的玩意，它其實只是一個簡單的想法。此外，心智模式對我們的企業、家庭、教會、學校，以及我們生活上所有的領域，充滿了各種影響，因為我們隨時都需要和觀點不同的人相處。

　　心智模式也不是新創的概念，希臘哲學家柏拉圖在他赫赫有名的對話《共和國》（The Republic）中，談到「洞穴的寓言」（The Parable of the Cave），內容是一群住在地下的人

誤把他們看見的陰影當作真實狀況。柏拉圖原作故事中指出，當其中一人發現了陰影來源的真相，並且嘗試告訴其他人的時候，他們群起攻殺他。柏拉圖對這個故事所下的結論令人不寒而慄：我們全都是被誤導的洞穴人，在對真實狀況只有片段或扭曲的認識之下行事……如果有人質疑這些看法，我們就會激烈抵抗。

這為某些難題打開一扇門，例如下列的難題：

• 嘿，為什麼我看世界的方式會錯到這麼離譜？
• 為什麼在真相這麼明顯的時候，會有這麼多人拒絕面對？
• 這和我自己或我的組織有什麼相干嗎？

讓我們先回答最後這個問題，討論這個概念相當重要，因為心智模式天天都對我們的組織產生限制作用。我們在做組織的個案研究時發現，組織中雖然不乏好的構想，但這些構想卻往往未能跨出它們的第一步，這是因為這些構想跟大家心中普遍的假設或信念不合。一個常見的例子是瑞士手錶工業。瑞士的手錶工業雄霸全球市場多年，當新的石英技術問世時，瑞士的手錶製造廠商並不接受，因為他們認為手錶應是機械的、「滴答響」的裝置，與高科技裝置的心智模式並不吻合。日本的製造廠商，像是精工（Seiko），則採用了

這項新技術，迅速從瑞士的手上奪走大部分的世界市場。瑞士在全球手錶市場受挫，原因可以追溯到他們所依賴的心智模式，亦即機械式的手錶才會受歡迎。

或許你曾體驗過組織裡高度政治化的衝突，在這些衝突中，人們分化成幾派，每一派都指稱其他人眼光短淺或私心自用。深入審視這類衝突，你常會發現癥結出在幾套不同的假設。

即使是在追求和諧和愛的宗教運動中，人們往往發現彼此之間的鴻溝日益擴大（諷刺的是，歷史上充斥著以神愛為名的戰爭暴行。）在家庭中也可以看到這種動力，同樣地，這類難題的主要癥結出在我們的心智模式。

讓我們仔細瞧瞧我們的心智模式，以及心智模式的威力。

看見、相信、心智模式

那麼，心智模式到底是什麼？如何發生作用？下列七項原理有助於說明概念。

原理 1：人人都有心智模式

你對世界的運作方式，存有特定的心智模式，不可能沒有心智模式。就如認知理論大師狄波諾（Edward De Bono）

所說的，你的心智模式是一種生理過程的產物，在這個過程中，大腦的神經網絡對每天所取得無盡的複雜資訊串流，並且進行分類與組織。假如你的頭腦不司此一功能，每當你看見一輛不同造型的車子，都會搞不懂那是什麼東西。但是好在，你的頭腦效能夠高，可以說，「喔，看看，它有輪子、窗子、車前燈……必須歸入標示為『汽車』的類別！」請記住，心智模式無所謂好壞，它只是你的大腦從複雜的世界找出秩序所使用的方法。如果我們的頭腦把工作做得太好，麻煩就來了！我們會把我們看到的每一件事情，都套入之前為我們工作的類別。

　　請注意，不僅個人具有心智模式，當許多個人整合起來的時候，形成的團體和組織也發展出心智模式。組織、家族、政府……全都受到根深柢固的集體信念和個人假設所左右。美國有一個集體的心智模式，已經成為美國社會的基礎，那就是「追求幸福快樂」的權利。幾乎所有美國人都覺得，自己有過幸福生活的權利，因為他們把它看成一種「不可剝奪的權利」。很少人懷疑這項陳述的真實性，這是一個真正已經影響美國人日常生活的心智模式，它推動許多的事

業、關係，甚至是訴訟。*

原理2：心智模式決定我們如何看和看見什麼

　　我們的知覺並不如我們所相信的那樣清楚。我們感知的每一件事情必須先經過心智模式這個過濾器，假如有某件事物跟我們腦子裡的「道路圖」配不起來，我們可能乾脆開始對它視而不見。

　　我有一位同事在西方的文化訓練課程中，做了下列的練習：她請教室內的學員研究她的臉，並且描述她的五官。通常，學員會描述她的鼻子、頭髮、眼睛、嘴唇等。在做過這個練習無數次之後，沒有一位學員提到她鼻子和上嘴脣之間那塊小區域，西方社會對這個部分並沒有通用的語詞（中文叫做「人中」），結果人們乾脆就視而不見。你上次注意到另一半或摯友臉上這個部分，是什麼時候？

　　我最近看到一張人煙稠密的香港市中心街道照片，因為我是個美國人，照片中大部分的資訊，在我看來就像一堆令人困惑的大雜燴，由老外看不懂的中文路標、商店櫥窗、霓虹燈混合而成。然而，儘管這張照片的景象很雜，我注意到

---

* 在很多社會，這種對幸福的期望，並不是集體心智模式的一部分。

自己的目光幾乎立即停駐在照片中一個小小的招牌，那是熟悉的麥當勞金黃色 M 字標誌。

在資訊混亂如麻的世界中，我們的心思會立即鎖定到已經熟知的事物，直截了當過濾其他資料。

那是一種令人困惑的思維方式，有一些真相和許多機會被我們拒於門外，只因為它們不符合我們的心智模式。在這個故事的結尾，我們發現洞穴人其實是活在「當今」。布基仍未察覺他洞穴外的熱鬧繁華景象。當世界的其他部分發展的時候，布基卻停滯不前，或許是他的心智模式限制了他的進化。我們每個人在某個程度上，也都活在洞穴中，只知道特定範圍的事物，對範圍外的大環境視而不見。

請你反思：

• 想想看，你的配偶、夥伴或同事說過什麼批評你的話，使你不安或有挫折感。想過這些話後，你是否發現其中有些是事實？

• 要在一開始想想看這項批評是否正確，會有多難？這項批評跟你對自己所抱持的既定信念，出入有多大？

• 你是否曾經認識某個人，大家都看清他的行為或特徵，但他自己卻是當局者迷？你為何認為這件事情如此？可能是

你也因為它們跟你的自我認知不吻合，而對自己有類似的盲點？

原理3：心智模式引導我們如何思考或行動

在故事中，布基問：「如果我們並沒看到真實的情況，情況會如何？」那時，他開始質疑自己的思考。洞穴人原先的心智模式是「出了洞穴不可能活命」，這樣的心智模式影響他們的思考，進而導致他們個人信念系統的發展，像是「有個凶神惡煞住在洞穴外面。」他們的心智模式也影響他們的行動：他們留在洞穴裡從未離開過，即使這表示要繼續吃蟲子和吸吮石頭過日子。無論好壞，我們的心智模式都限制我們可能採取的行為範圍。

企業個案研究發現太多這樣的例子，例如1915年到1955年這四十年間，可口可樂唯一的包裝方式（除了在飲料櫃檯點購之外），是有名的6.5盎司裝「曲線瓶」，軟性飲料早年行銷成功，這種包裝扮演非常重要的角色。大家將6.5盎司裝的「曲線瓶」視為品牌象徵，而且是銷售可樂的「不二法門」。可口可樂有好多年都拒絕改變，即使讓百事可樂奪走部分市場也是一樣。直到市場占有率大幅下滑，該公司才開始同意改變心智模式，研究採用其他包裝方式，像是12

盎司包裝的可能性。

同樣地，許多公司透過導入新的心智模式，已經創造了歷史。聯邦快遞（FedEx Express）和蘋果公司（Apple Inc.）開發了許多人以為會乏人問津的產品和服務，戴爾電腦（Dell Computer）也改變人們對配銷和販售電腦方式的心智模式。

請你反思：

- 想想看，你哪些時候沒有得到自己想要的結果（跟個人或組織相關都可以）？採取了哪些行動導致那些結果，當時抱持怎樣的看法，導致你採取這些行動？（跟朋友一起對此進行反思或許會容易一點，因為要看清自己的心智模式通常不容易。）

- 想一個你自己或一個跟你有關的團體，因為採納新的心智模式而表現優越。

原理 4：心智模式導致我們把自己的推論看作事實

對布基而言，雙族之間的衝突看來荒謬。當然，他們只要說一聲：「嘿，等一會兒！」，就能夠避免戰爭，並且化解歧見！從兩座不同的塔來看，就有兩種不同的景觀！我們每一個人是從不同的角度來觀看，看到的是風景的不同部分。

但是，情況也許並不是那麼荒謬。這個隱喻是正確的：

我們很少把自己對「風景」的結論說成自己的心智模式，而只是把自己看見的敘述當成事實。實際上，我們把自己的信念視為理所當然，以至於我們對別人能夠以迥異的觀點來看事情感到非常驚訝。我們的信念仍然停留在拒絕接受質疑，心智模式依然停留在無法言傳或隱藏的狀態。

　　想像有一家製造工廠，計時薪資人員和管理階層之間的緊張關係不斷升高。請注意，經理人或許不會說：「我的心智模式是，計時人員不是很努力工作。」比較可能會說：「計時人員不是很努力工作。」兩者之間的差別很大。這位經理人不承認他的信念只是他自己的心智模式，因此讓他自己或他人難以檢驗這個信念。他把「他們不是很努力工作」當作事實來述說，因而造成任何改變都不可能發生的情況。

　　就如我們即將看到的，對每個人而言，心智模式的終極挑戰是：辨識心智模式，把它們置於陽光之下，使心智模式不再能夠將潛藏的力量施加在我們身上。

　　請你反思：

• 想想看，有誰曾經把他們的心智模式當作事實加以呈現，結果引起什麼樣的反應？你能否想起自己在什麼時候也做過這種事情？

- 下一次有人批評你，使你覺得受到冒犯或有挫折感，你可以提出什麼問題，進一步了解對方的心智模式？你如何能夠幫助對方為你做同樣的事情？

原理5：心智模式總是不完整

沒有人對世界擁有完整的理解，這個世界太過複雜，我們沒有人能夠吸收那麼多的資料，同時仍然正常運作。所以，我們所吸收的資訊是不完整的。

就像故事中交戰的部落，我們每個人都建立了一座有其獨特景觀的高塔。我們全都生活在具有不同景觀的不同高塔裡面，然而我們的行為表現，卻好像每一個人都應該用跟我們同樣的觀點來看事情。例如，兩個人可以大談墮胎的政治話題，而從來不曾有過交集。他們是置身於不同景觀的兩座塔內，對相同風景下不同結論──每個人都變得愈來愈懷疑對方不是用他的方式來看事情。

因此，當兩個不完整的心智模式以這樣的方式發生衝突時，假如每一個局中人都變得焦躁不安或自我保護，請不要驚訝。例如，你也許親身經歷過，有人批評你養育小孩的正確性，或是公司中跟你工作關係不大密切的某人，建議你應當使用某種不同的方式工作。每當有人挑戰我們的心智模

式，或是暗示我們的心智模式不完整時，我們往往就會覺得好像對世界的了解頓失依靠，而我們保護自己世界觀的本能反應可能相當激進。

　　有些人的心智模式和他人大不相同，因為揭露了既有心智模式的限制，而遭到排擠、監禁，甚至死亡。這種例子在歷史上俯拾皆是，伽利略（Galileo）第一次提出地球圍繞太陽公轉時，引起很大的回響，當時政教合一的政府相信地球是宇宙的中心，因此對伽利略相當不滿。伽利略因為提出一個不相容的心智模式，在 1633 年被判終身監禁。同樣地，金恩博士、耶穌基督的故事，或甚至時至今日無數的個人，都因為說出有違常理的話而受到處罰。

- 想想看，「不同景觀的另一座塔」這個隱喻，應用到你自己的生活上，會是怎樣的情形。你住在什麼「塔」裡？它或許可以協助你思考下列這些議題：對組織營運方式的信念，以及對領導與激勵、政治意識型態、神學、為人父母之道的信念。

- 你的信念如何使你跟住在「不同景觀的另一座塔」的其他人意見相左，或陷入僵局？

原理6：心智模式影響我們得到的結果，進而增強本身的威力

　　一旦我們對世界採納某種信念，這個信念將會變得愈來愈根深柢固，因為我們只會繼續「選擇」（或看見）那些支持這種信念的資料。

　　下列是另一則可口可樂的故事。想知道可口可樂公司為何會推出命運多舛的新可樂嗎？這是一個自我增強心智模式的實例。在 1980 年代，可樂市場停滯不前，可口可樂的領導者認為，這是因為消費者對可樂的味道膩了。果然，市場調查和產品測試都確認了這項疑慮，經過重重測試的新可樂，以五比一的差距在口味測試上勝過舊可樂。但是，起初的假設──人們喝膩了舊可樂──影響市調人員問哪些問題，這又進而導致他們原先的信念更加堅定。值得注意的是，市調人員並沒問一個關鍵性的問題：「如果我們用這項新產品取代可樂，你的意見如何？」如果問了，就可以看出，消費者對這個有百年悠久歷史的品牌，忠誠度是多麼地強。然而，這個問題從來沒有被問過，因為它並不符合假設消費者已經厭倦可樂口味的心智模式。

　　人們時時都置身這種自我增強的現象之中。比方說，你開始相信「青少年是麻煩製造者」，因此每當你看到青少年

出現你覺得是「製造麻煩」的行為時，那個訊息就更加明顯。你的腦子抓取這個熟悉的資料片段，說：「啊哈！看到了沒有？青少年真是麻煩！我就知道是這樣！」另一方面，當你看到一個青少年行為慷慨，就會乾脆置之不理（就像前述照片中的中文招牌），或是當作例外而予以略過。

　　這還只是開始。一旦我們固守信念，繼續從會增強這種信念的世界「選擇」資料後，我們的經驗會開始配合，使這個信念成為一個自我實現的現實。

　　還記得故事中，麥克觀察到「野蠻人」和「抱樹的笨蛋」如何真的變成其他人所認為的那樣嗎？為了查驗這是如何發生的，讓我們回到前面的例子，亦即某人相信「青少年是麻煩製造者」。當這個人的心智模式變得更根深柢固，這種心智模式會影響他的行為⋯⋯也許會使他抱著試探或甚至不友善的態度，去跟他遇見的青少年打交道。這種作風將促使青少年以攻擊或憎惡的態度回應他，此人一看到這種情況，就更加確信，他原來的看法是對的。這個人現在置身一個螺旋狀的模式：經驗影響認知，認知影響經驗。要打破這個模式，可說是難上加難。

　　這個原理也適用於組織。一家公司認為市場已經飽合，

就很難看到行銷機會；而另一家公司相信每一個員工都能夠產生創新構想，就能汲取創新的泉源。

這個故事帶給我們的啟示是：我們看世界的方式，影響我們在世界中的體驗。當我們看世界的方式改變，就能改變自己在世界中的角色，並且得到迥然不同的結果。這當中存有協助您達到卓越且永續變革的關鍵。

請你反思：

• 這股自我增強的動力，如何能夠幫助了解種族主義、世代衝突、一個精英家庭中的「問題兒童」，或是一家即使客源不斷流失，也不肯改變的公司？

原理 7：心智模式的壽命，常比其有效時間來得長

請勿驟下結論，認為所有的心智模式都不合理。當你建立心智模式的時候，心智模式就提供了非常實際的功能。例如，相信「青少年是麻煩製造者」的人，可能是小時候受到大小孩的暴力傷害，從此發展了這個心智模式。孩童是否能夠處理真實狀況，心智模式其實提供重要的功能。

但是，在心智模式過時之後，如果人還是繼續固守不變，問題就來了。光陰流逝，「青少年是壞的」這個劇本仍然在上演，即使已經不再有此必要。那個人對現實狀況的覺

知，現在走樣了，就像在洞穴牆壁上的陰影一般。

　　心智模式必須更新才能有效，原因就在這裡。我們需要定期讓心智模式浮現，並加以檢驗，看看它們是否仍然能夠發揮必要的功能。我們可能發現，自己某些既有的心智模式仍然準確，可以實際反映現實情況。但是，我們必定也會發現一些已經扭曲、不再正確反映現實的心智模式。

　　每過幾年，科學上就有一些新發現，迫使我們重新大幅檢視當時的信念與假設。在寫本書的同時，就有這樣的情況發生：科學家發現稱為微中子的最小次原子粒子，具有可量測的重量和質量。這項發現事關重大，因為一般普遍認為微中子沒有重量或質量。此一驚人的揭露使科學家手忙腳亂，必須重新思索物質的基本本質，甚至重新檢視是否可能出現大爆炸（Big Bang）。多年來，科學家尋求了解宇宙，舊有的微中子理論，一直是探索宇宙的核心基礎。現在有了更精確的心智模式可供使用，許多科學家必須「回到原點」，發展新的理論。

　　你可以想見，更新心智模式的過程會很辛苦。在這個時代，許多組織發現自己處在不確定，甚至是動盪不安的環境中。這裡有一個你可能似曾相識的共同腳本：當變革的需要

愈來愈迫切的時候，組織內部的各個派系就會走向極端。「保守派」為保有「認同」（identity）或傳統而奮戰，「自由派」則宣揚「不變革，就等死」（change or die）的訊息。未經檢驗的心智模式，馬上就像子彈咻咻飛過，受到傷害的人愈來愈多。這時，有技巧地公開探索現有的心智模式，就十分重要。但是，一旦人們開始自我防衛和好戰，進行這種對話的可能性就微乎其微。

登上梯子，進入洞穴

我們每天都在觀察資料和下結論，心智模式就是這樣隨著時間逐步建立起來的。了解這如何發生，就能夠對這個隱藏的流程擁有某種程度的駕馭能力。

推論的階梯是一種實用的工具，可以幫助我們了解心智模式如何形成。它是由理論家克里斯·阿吉瑞斯（Chris Argyris）和唐納·熊恩（Donald Schon）發展出來的行動科學工具，用來追蹤引導我們形成和維持心智模式的心智流程（或「跳躍的推論」）。追蹤的步驟如下，第一個步驟從階梯的底部讀起，然後逐階向上。

看看布基其他洞穴夥伴的經驗。這裡使用推論的階梯，

一層一層地追溯他們把布基逐出洞穴之前，彼此互動的過程：

- 這個團體從梯子的底下開始，梯子四周是可以觀察到關於世界的資料。（烏嘎、碰嘎、歐基、布基、崔佛全都在洞穴內閒晃、在壁上畫畫、吃東西等。）

- 然後他們針對某一項資料。（「布基說他想知道山洞外面有什麼。」）

推論的階梯

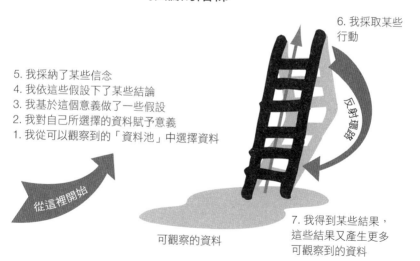

6. 我採取某些行動

反射環路

5. 我採納了某些信念
4. 我依這些假設下了某些結論
3. 我基於這個意義做了一些假設
2. 我對自己所選擇的資料賦予意義
1. 我從可以觀察到的「資料池」中選擇資料

從這裡開始

可觀察的資料

7. 我得到某些結果，這些結果又產生更多可觀察到的資料

- 他們對這個資料賦予意義。(「布基挑戰烏嘎的信念。」)
- 他們做了一些假設。(「布基失去了理智。」「已經迷惑、中邪了！」)
- 他們下結論。(「布基想要破壞一切！」)
- 他們採納信念。(「這樣做可能會毀滅我們！」)

　　他們在反射環路走了一圈，反射環路是指會增強心智模式的梯子部分：

- 他們採取行動。(他們下令布基離開洞穴，用菸灰缸砸他。)
- 他們得到結果。(布基離開洞穴，似乎不見了。)
- 他們行動的結果，影響他們下一回「選擇」的資料。(我們可想而知，布基被趕出洞穴之後，其他人最後會說：「看到了嗎？布基沒回來。他一定是被神踩扁了、被恐龍一口吃掉了，或是遇到諸如此類的情況。我們對了！」)

　　這個例子所說明的推論跳躍，發生在洞穴人的談話中。更典型的情況是，發生階梯的流程幾乎同時在我們的潛意識思維內發生。例如：

- 我選擇資料：「我在週一早上的幕僚會議中提出一個構想，當時沒有人說話。」
- 我賦予意義：「不論我說什麼，總是石沉大海。」

- 我假設：「沒有人欣賞我的想法，或沒有人知道我對這個
  團隊會多麼有價值。」
- 我下結論：「以後我在會議上不再說話了。」
- 我採納信念：「一定是我的能力不夠。」
  我爬到梯子的這裡，反射環路被觸動而開始運轉：
- 我採取行動。（會議上我不再發言。）
- 我得到結果。（大家不再期待我提供建議。然後，我注意
  到這個「資料」，並斷定自己「能力不夠」的信念是真的。）

我們做這些推論的跳躍，是在瞬間靜靜完成的……甚至
在一個簡單的互動過程中，也會有多次跳躍。隨著時間經
過，這些跳躍配上反射環路中的動作，建立出我們關於世界
的複雜心智模式。

現在，請嘗試自己做練習。回顧兩個交戰部落之間的衝
突（192 到 195 頁中野蠻人和抱樹的人），循著反射環路追蹤
他們攀爬階梯的過程。然後，請嘗試回憶一個你自己最近做
過的推論跳躍，以同樣的方式追蹤你自己的思考過程。

走出洞穴，邁向光明

　　單是有了洞察，並不會產生改變。你現在了解心智模式
的背後結構，這個事實並不能補救你的生活與組織中任何可
能存在的不良效應。反而是有了這樣的覺察之後，更必須做
一些事情，在行動的領域中才會有學習。

　　我們在處理組織中困難和帶有威脅的問題時，需要避免
一種可能性，那就是：心智模式限制了我們採取有效行動的
能力。要做到如此，需要呈現出心智模式，並且採取審慎的
步驟，根據推論的階梯來挑戰我們的思考，這是一項需要練
習的技術。下列是由「行動設計協會」（Action Design）的合
夥人（包括 Diana Smith, Bob Putnam, Phi McArthur）所研訂
的幾項指導原則，可供你清楚呈現你和他人的思考過程：

- 注意你的結論可能是基於你的推論，可能並非不證自明的
  事實。

  「我想外面有一隻大恐龍，但那是我的信念，不知道其他
  人會怎麼認為？」

- 假設你的推論過程，會有你看不見的落差或錯誤。

  「我想，假如我離開洞穴，就沒命了。不曉得是否有其他

可能性。」

「牆壁上那些奇怪的陰影和形狀，來源可不可能是我不知道的？」

- 使用例子來說明你所選擇的資料，這些資料產生你的結論。

「我認為，我們應該製造長矛和狩獵工具，因為我從東塔窗子眺望，看見了許多野生動物。」

「我一直對洞穴外面的事物感到好奇，因為不斷有蟲子進到這裡面來。所以我的推論是，外面必定有什麼東西。」

- 在聽到他人所說的話之後，（大聲）闡述當中的意義，這樣你就能夠檢查自己是否已確切了解。

「你認為其他人是野蠻人，因為他們要製造長矛，而你認為使用長矛是野蠻的。我的了解是否正確？」

- 解釋在你的思考當中，從「選擇資料」、「賦予意義」，一直到「達成結論」的各個步驟。

「我推斷，我說你迷惑、中邪了，是因為我有一個強烈的信念，認為洞穴外面有一隻大恐龍。所以，當我聽到你大聲問，假如我們離開這個洞穴會怎樣，我猜你是衝著我而來的……好像你是在挑戰我相信的事情。我認為這是不尊重的行為，但我想你並沒有這個意思。你是否可以幫助我

了解你所說的話？你是否還有其他思考方向，是我沒發覺到的呢？」

「這是我看到或聽到的一些事情，使我得出這個結論：（敘述資料）。」

「在得出這個結論的過程中，我做了一個假設，那就是……。」

- 問其他人是否用不同方式解讀資料，或者是否看到自己的思考當中有不連貫的地方。

「你如何以不同方式看它？」

「你覺得我的推論有哪些瑕疵？」

「你可以做一件事，協助我思考得更周詳，就是……。」

「你認為製造長矛與狩獵工具是值得做的事嗎？我有沒有漏掉什麼？」

- 假設其他人達成不同的結論，是因為有他們有自己的推論階梯，這個推論階梯的推論邏輯，對他們而言是有道理的。

「你一眼就可以看出，我是製造長矛的強烈支持者。但是，我很想聽聽其他人的不同看法，是否有人做了不同的結論？」

- 請其他人舉例說明他們所選擇的資料和所賦予的意義。

「你是否能夠進一步告訴我，你為何說洞穴外面有凶神惡煞？」

「你在周圍的土地上看到什麼，使你認為製造竹簍才是正確的行為？」

- 請其他人說明他們思考過程的步驟。

「什麼導致你得出這項結論？」

「你是否能夠幫助我了解你的思考？」

「我不曉得我們是否正在各自假設，認為……（敘述這個假設）。」

「你為何下結論認為，我是個野蠻人？你看見什麼，導致你產生這種看法？」

「是什麼原因讓你說我中邪了呢？」

　　在前述這些例子中，有些可能讓你覺得吃力或尷尬。但是，在勤加練習之後，這樣的交談會出奇地順暢，交談變成一種刺激又有意義的活動。在交談中，分享心智模式能讓人進一步覺察和學習，而非各持己見和陷入僵局。沒錯，做起來有點困難，但如果想要提高我們對自己、對彼此，以及對組織共同的了解，就一定要這麼做。

關於心智模式的心得：總整理

　　心智模式是我們對世界、自我、組織，以及我們如何跟它們配合，所抱持的根深柢固信念、圖像與假設。

　　我們看世界的方式，影響我們對世界的經驗。當我們看世界的方式改變，就能改變自己在世界中的角色，得到迥然不同的結果。

關於心智模式的七項原理：

　　1. 人人都有心智模式。

　　2. 心智模式決定我們如何看和看見什麼。

　　3. 心智模式引導我們如何思考或行動。

　　4. 心智模式導致我們把自己的推論看作事實。

　　5. 心智模式總是不完整。

　　6. 心智模式影響我們得到的結果，結果又增強心智模式。

　　7. 心智模式的壽命常比其有效時間來得長。

我們經由攀爬推論的階梯形成心智模式：

　　1. 我從可以觀察到的「資料池」中選擇「資料」。

　　2. 我對自己所選擇的資料賦予意義。

　　3. 我基於這個意義做了一些假設。

4. 我根據這些假設下了某些結論。

5. 我採納了某些信念。

反射環路增強我們的心智模式：

6. 基於在階梯「頂端」達成的結論和信念，我們採取行動。

7. 然後我們得到結果，這些結果影響我們將來選擇的資料，增強了我們原來的心智模式。

冰山的一角

掌控影響組織成敗的隱性力量

譯者導讀
如何看見冰山的全貌？

劉兆岩

　　〈冰山的一角〉這個故事名稱，取得相當傳神。世界上的每一個人，不也都是像這群企鵝與海象一樣，生活在冰山小小的一角上，似乎總是用有限的視野來了解所處的無限世界。如今，作者把冰山的全貌用寓言故事說給我們聽，讓我們的視野豁然開朗。

　　話說，擁有資源的企鵝，和具有技術的海象，一同開採海裡好吃的蛤蜊資源，創造了雙贏的局面，以及皆大歡喜的食物天堂。沒想到好景不常，企鵝及海象的數目愈來愈多，使得管理這座冰山天堂愈發困難，雖然有了精密的計算與規劃，聰明的企鵝們卻陷入系統結構的困境！

　　原來，他們忽略了隱藏在水面下冰山的作用。這種看不見的隱性力量，使他們忙得團團轉，而且把事情愈弄愈糟。

還好，他們在苦無對策時，做了一件對的事情，就是不貿然行動，停下來思考系統結構的關聯性，否則冰山可能就沉了。這個故事最後雖然以喜劇收場，但他們深刻的系統思考過程，實在值得我們向這群哺乳類動物們好好學習。

〈冰山的一角〉這個故事幾乎天天在我們周遭上演著，我們到觀光區遊覽，第一次去總是印象良好，等到再次前去就發覺人潮擁擠，品味及格調都不如以往。後來，觀光區開始衰退、萎縮，我們也不屑前往。最後，商店紛紛倒閉，幾乎與故事的情節如出一轍。

〈冰山的一角〉原文是 The Tip of the Iceberg，Tip 既是尖角，也有啟示的意思。作者藉著冰山的故事，希望啟發我們了解事件背後的結構，並且輕鬆、幽默地介紹了系統思考的概念及工具。相信受到啟發的你我，會更喜歡這套系統思考的工具。

系統思考幫助我們了解，事件的發生都是其來有自，我們愈有能力看清水面下的冰山結構，就愈有機會找到所謂「魚與熊掌可以兼得」的創新對策。這不管對組織或個人來說，都是影響深遠的議題，值得我們花時間探討。

這個故事一再提到一個問題：我們如何看見表面上看不

見的部分，也就是水面下的冰山？這個看似矛盾的問題，令我陷入深思。我突然想到，我們雖然都沒有離開地球一步，為何會精準知道天體的運行，甚至知道宇宙的過去，甚至未來？那是因為我們有了良好的分析工具；但是，我們真的看到所有看不見的部分嗎？！

（本文作者為羽白國際管理顧問公司總經理）

第1話

一連串神祕事件

這個故事是關於一連串神祕事件⋯⋯

它發生在一個遙遠、巨大、凹凸不平的冰山上面。

不是像〈鐵達尼號〉那種一連串的事件。

而是關於一些動物之間的複雜連結，其中有企鵝……

蛤蜊……

還有海象。

在我們開始這個故事之前，你需要先了解一些事情。

首先，企鵝愛吃蛤蜊。*

第二，蛤蜊生活在海底深處的海床上。

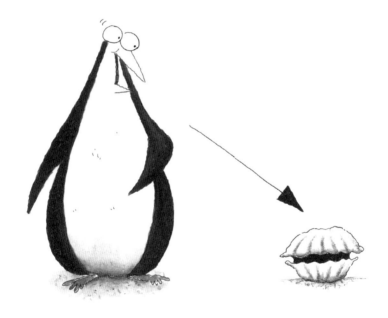

---

* 別擔心，這個故事裡的蛤蜊不像其他擬人化的角色那麼討喜，所以不要感到惋惜。

　　故事中的企鵝住在冰山上，這個冰山漂浮在靠近北極的冰河中。

　　這些足智多謀的小企鵝知道海床上有蛤蜊，所以常常夢想著可以吃到鮮嫩多汁的蚌肉，但他們是小型鳥類，沒有足夠的肺活量一口氣潛到夠深的海底去撈取蛤蜊。

海象也愛吃蛤蜊。

海象擁有又大又強壯的肺，還有強而有力的鰭，絕對可以潛到夠深的海底攫取蛤蜊；另外，他們的兩隻獠牙最適合用來打開蛤蜊的硬殼。

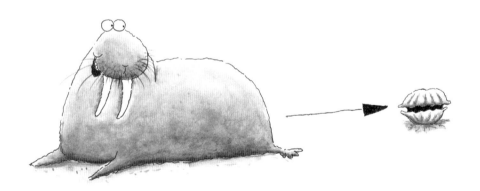

有一小群海象就住在離企鵝幾英里之外的冰山大陸，他
們非常羨慕這些小小的企鵝們擁有如此豐富的蛤蜊資源。

不過，海象是和善而且誠實的動物，很尊重企鵝的領地。

　　所以，假如你不是很認真在讀這個故事，下列是一些回顧整理：

- 企鵝有許多未開發利用的資源；
- 海豹則擁有取得這些資源的技術。

　　也許，你可以看見故事的發展方向。

　　企鵝認為，他們做到了，但他們錯了。

　　即使肚子很餓，他們仍然保持距離——雖然他們一直注意能否找到一些機會。

第 2 話
企鵝與海象的協議

關於企鵝與海象結盟的想法，早已醞釀多時。在一個特別嚴酷的冬天之後，企鵝們已經準備好要採取行動了。

「我們應該可以過更好的生活吧？」企鵝史拔克對其他企鵝說，這時他的肚子咕嚕咕嚕叫得很大聲，「整個冬天，大家都是過一天算一天，勉強糊口。其實，我們應該去享用蛤蜊大餐啊！」

其他企鵝全都點頭同意。

「我想，這個時候我們該去找海象了！」他繼續說著，「大家同意嗎？」

企鵝們都點頭。

所以，他們與海象的交易就開始了。很快地，兩造就達成共識。

在一個風和日麗的早晨，冰山上的溫度急速上升到零下15度，企鵝們邀請了兩隻海象過來，正式公開簽訂新的合作協定。

當海象根特及史威恩將他們笨重的身軀撐出水面，再拋摔到冰山上時，企鵝們響起了熱烈的歡呼聲。

　　「這對我們小小的冰山來說，是歷史性的一天，」史拔克宣布，盡量讓自己的語調聽起來具有歷史性。

　　「是的，」根特咕嚕說著，他的雙眼不大能同時聚焦。「就各地哺乳動物的合作而言，今天是偉大的一天。」他的話引起企鵝群竊竊私語，因為有些企鵝在爭論他們究竟是不是哺乳動物。

當群眾們引頸期盼地聽著，史拔克大聲朗讀新的合作盟
約，內容是：

企鵝和海象的協議

1. 海象必須為企鵝採收蛤蜊。
2. 企鵝將提供蛤蜊食用權給海象
   當作回報。
3. 海象不可以吃企鵝。*

---

* 只因為雙方進行最後關頭的緊急協商，海象不得不同意最後一項條款。提出
　這項條款，主要是一項意外事件造成的，這項意外使得幾隻企鵝必須打開史
　感恩的嘴，拔出一隻狼狽不堪的小企鵝。

當海象與企鵝們將旗子插在冰山邊上，慶祝協議順利簽訂時，群眾們歡聲雷動。

　　歡呼後是短暫的靜默，然後有人說：「我們在等什麼呢？開始吃吧！」

　　然後，他們開始行動了。

第 3 話

別弄巧成拙

結果，這項協議相當成功。

根特、史威恩及其他幾隻海象用他們的鰭，滿載著從冰山下的深海撈起的蛤蜊上岸，然後提供給口水都要流出來的企鵝們。而且，海象們輕易地用獠牙扳開硬殼。

（根特甚至還發現了一些珍珠，但因為不知道它們的價值，便毫不在意地把它們扔掉了。）

企鵝們終於能飽餐一頓，而海象們可以自由執行協議的第二條，把自己餵飽。

很快地，企鵝們就發明了蛤蜊燒烤、蛤蜊湯，還有蛤蜊雞尾酒。*

---

* 把蛤蜊丟進攪拌器，加上冰塊、草莓和蘭姆酒，經過高速攪拌後，加上薄荷葉點綴裝飾，冰凍後上桌。

消息很快就傳開了，住在其他冰山上的企鵝開始出現，渴望分享由企鵝和海象協議所產生的豐盛大餐。

　　由於有愈來愈多企鵝跑過來，史拔克建議企鵝們召開協議委員會議。（在野生動物的世界裡，這種會議發生的次數通常遠超出想像。）

「我們所擁有的蛤蜊，夠不夠給所有出現的企鵝們吃？」他問所有已經聚集過來的企鵝。

「你在開玩笑嗎？」赫爾辛基說。她是具有 A 型性格的小企鵝，專愛炫耀她的專業知識。「我們所擁有的蛤蜊，夠一百倍的企鵝群吃，還可以剩很多。我們只需要多幾隻海象幫我們帶更多蛤蜊上岸就好了。」

「嗯，非常好，」史拔克同意。「但是，我們有足夠的空間容納每一隻過來的企鵝嗎？」

朱諾是一隻對數字非常敏感的企鵝，迅速地在冰上寫了一些算式，然後說：「按照我的估計，我們可以提供一百倍的現有空間，而且還有多餘的空間。」

大家一致同意：企鵝應該招募更多海象，以滿足大家對蛤蜊日益殷切的需求。

所以，更多的海象來了。

他們將更多蛤蜊帶上岸。

有更多企鵝出現了。

接下來，有更多海象來了。

他們將更多蛤蜊帶上岸。

又有更多企鵝出現了。

然後，又有更多的海象前來……

你了解了嗎？

史拔克、朱諾、赫爾辛基從冰山頂端的一個尖峰觀察到
這些活動。「真是太好了，」史拔克沾沾自喜，「所有的事情
好像都有了好的結果，曾幾何時，我們小小的殖民地也愈來
愈興旺了。」

「是的，我認為我們的成功可以歸因於蛤蜊，」赫爾辛
基宣稱。

「似乎是蛤蜊讓這一切實現的，」朱諾同意。

「是的，別忘了海象，是他們讓蛤蜊出現的，」史拔克
補充說，「這些全都有關聯。」

史拔克說話時，朱諾發現他自己忙著在冰上畫圖像。
「這種說法很有趣，」他停頓了一會說，「你可以畫出類似這
樣的連結。」

　　「招募更多海象，可以得到更多蛤蜊，然後會有更多的企鵝跑來。」

　　這番話引起赫爾辛基和史拔克的好奇。「是的，但是不要忘記，」史拔克說，「之後我們雇了更多海象，整個循環又從頭開始。」

　　「說得好，」朱諾回答。他將畫在冰上的圖畫修改成這樣：

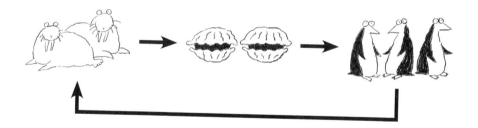

　　每個人都靜靜地認真思考這股令人興奮、不斷上升的動力：好的事情帶來更多好的事情，然後帶來更多、更多好的事情——好的事情只會愈變愈多。

　　但是，有一件事情困擾著史拔克，「好事會增加到什麼時候？」他緊張地問道，「最後會不會突然停止了呢？哪一天，蛤蜊會不會被吃完？」

　　「總有一天會這樣，」赫爾辛基說，「但是，要過很久很久以後才會這樣，我已經告訴你了，我們有足夠的食物，可以維持一段很長的時間。」

　　「還有空間，」朱諾提醒大家。

　　「別弄巧成拙，」赫爾辛基下結論。

　　「對，」朱諾贊同，「別弄巧成拙。」

　　重複唸了幾次這句朗朗上口的話之後，他們就不再憂慮了。

　　有一件事情仍然困擾著史拔克——他就是不大確定此事。

第 4 話
商店街及曬膚沙龍

　　所有企鵝及海象享受著冰山上的美食與繁榮興盛，這些消息則傳得更遠更遠了。

　　更多的企鵝出現了。

　　　　更多的海象來了。

　　　　　　更多的蛤蜊被帶上岸。

　　更多的企鵝出現了。

　　　　更多的海象來了。

　　　　　　更多的蛤蜊被帶上岸。

　　然後又有更多的企鵝出現⋯⋯

　　　　　　同樣地，你了解了嗎？

有一天，一隻海象一屁股地坐在一隻企鵝上面。
卻沒有其他企鵝注意到這件事。

　　畢竟，這座冰山已經成為方圓幾英里內最受企鵝及海豹歡迎的地點。這裡充斥著蛤蜊酒吧、商店街，*以及酒酣耳熱的人群。

　　毫無疑問，這就是天堂。（除非你發覺，海象和企鵝揮之不去的味道夾雜著冰點以下的溫度，讓人很討厭──在這種情況下，你可能不會稱之為天堂。儘管如此，你還是得同意，這裡真的是一個好地方。）

*這條街有許多曬膚沙龍，以及稱為「無法置信的另一間優格店」的連鎖商店，甚至有一家史威恩經營的典雅花卉精品店。

隨著時間過去，有些企鵝族群開始顯得有點兒擠了。

「溫尼佩，」史拔克有一天對一隻經過的聰明年輕企鵝說，「那邊的企鵝情況如何呢？」

「喔，」溫尼佩說，「有一些海象坐在他們身上。」

「為什麼？」史拔克說。

「嗯，我不知道。我猜，企鵝出現的時間和地點都不對，這應該只是偶發事件。」

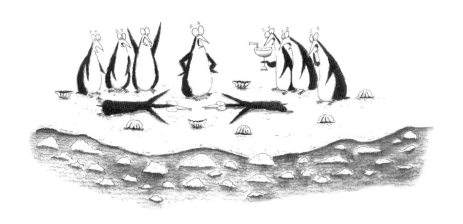

「好，不能有這種情況發生，」史拔克說，「請在協議中
加注一條備忘錄：從現在開始，所有的海象必須注意背後有
沒有企鵝。好嗎？」

溫尼佩照做了。

但是，情況變得更糟。

當愈來愈多企鵝及海象聚集到冰山上，企鵝被壓扁的報
告就愈多，史拔克開始懷疑這是否真的是偶發事件。

很快地，企鵝及海象之間開始爆發小規模的地盤衝突。

於是，海象與企鵝對峙，叫罵鼓譟的情況也時有所聞。
（嚴格來說，這並沒有直接違反協議第三條的條文，但這類
行為已經違背了協議的精神。）

　　企鵝們發出更多的備忘錄，提醒每隻海象要小心避免壓到企鵝。

　　就連史拔克自己都差點被壓到，不幸被困在一波又一波的肥肉當中。

　　「為什麼會這樣呢？」當史拔克被赫爾辛基和朱諾小心翼翼地從層層的贅肉中救出來時，他咕噥地說，「你確定冰山上有足夠的空間，可以容納每一個來的人嗎？」

　　「我確定，」朱諾堅持說，「我已經告訴你，我們可以容納的企鵝和海象比現在多好幾倍。你看，我計算過，數字不會騙人。」

　　「聽著，」赫爾辛基試著安慰史拔克，「我認為，這與我們的數量真的沒有關係，而是與公民道德有關。只要提醒每個人注意就好了，好嗎？」

　　所以，赫爾辛基花了相當多的資源和工夫，請來一位名為漢斯的昂貴管理顧問，鼓勵每一隻企鵝及海象參加他的敏感度訓練營。

然而，衝突卻有增無減。

關於冰山上出現社會動亂的消息，在區域裡面傳開來後，就沒有其他企鵝及海象前來了。

事實上，有許多長期住在冰山上的居民，正在討論是否要打包離開。*

史威恩看到這種情況，覺得希望渺茫，就把他的花店關掉，並且跳水離開岸邊，向史威恩的時代和玫瑰進行哀傷的告別。

這些企鵝們召開了緊急會議，地點在冰山裡一個崎嶇的山峰上。

「我就是不了解，」溫尼佩說，「我們做的事情跟以前一樣，但現在所有的事情都走樣了！」

---

* 漢斯這位顧問也跳下冰山，在過程中，他的頭撞到冰山的邊緣而弄傷了腦袋，所以他沒有讓顧問們先進行癥結分析，就提供急就章式的訓練解決方案。後來，漢斯復原的情況很好，並參加了加州住在樹上的人所組成的愛好和平團體。

　　「我們一開始成長得非常快，」朱諾補充說，一邊在地上心不在焉地亂畫，「之後成長開始變慢，現在幾乎完全停止成長。」

　　赫爾辛基盯著地上的圖，最後說：「我覺得這張圖上好像少了一些東西。」

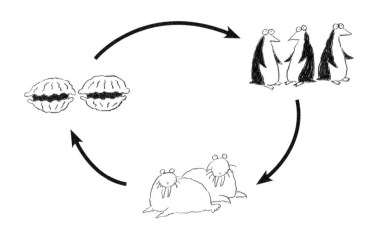

「少了什麼？」其他人問。

「我不知道，」她說，「少了一些我們看不見的連結。」

「赫爾辛基說得對，」史拔克說，「有一些東西在發生作用。有點像這座冰山，我們看得見上面的尖角，那就是你看到事情發生的地方。但是，冰山有好大一部分在水中，是看不見的，也許是一些我們看不見的東西把事情搞砸了。」

每個人都沉默下來，四周安靜得只聽到北極風的呼嘯聲，和遠處傳來海象壓到企鵝的可怕尖叫聲。

「我猜，如果要改善情況，唯一的方法就是了解我們看不見的部分，」赫爾辛基下結論。

「這說不通，」溫尼佩說，「如何看到你看不見的部分？」

「我不知道，」赫爾辛基承認。

「讓我們花點時間好好思考一下這個問題，」史拔克建議。

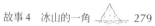

企鵝們各自開始陷入沉思。

「很明顯，企鵝及海象都是地域性的動物，所以自然而然會打架爭奪，但為什麼現在才突然開始發生這種事？」溫尼佩想。

　　「我想，我們是否吃了太多蛤蜊，」赫爾辛基思索著。
「也許，我們要改吃高蛋白質／低蚌類的食物，情緒才會改
善……」

　　「這是一個很大的冰山，」朱諾想著，「有足夠的空間，
所以不需要你爭我奪，為什麼每個人不分散開些居住呢？」

　　在此同時，史拔克正好散步到冰山的邊緣區，仔細思考這困擾已久的問題。

　　這是不是我們自己造成的？

　　史拔克將一小塊冰塊丟入平靜的水中，看著它濺出水花，一圈圈的漣漪逐漸擴散開來，然後消失不見，經過良久之後，水面再度趨於平靜。

　　「也許我們做了一件事情，」他想，「這件事讓許多其他的事情發生——就好像那水中的漣漪。」

　　「也許一切全都有關聯，假如我們可以看出這些連結，每次做某件事時，就可以預先知道可能會發生什麼事。」

　　史拔克坐著思考時，眼光停駐在當初象徵歷史性簽署協議的旗子。

　　史拔克已經很久沒有注意到這面旗子了，這面旗子看起來有點好笑，但是哪個地方好笑呢？

　　史拔克盯著它看了很久，而且是聚精會神地看……

　　然後——

　　「啊哈！」他叫出來。

　　他幾乎無法控制自己，急忙跑去找其他企鵝。

企鵝─海象

最終話

採取行動
干預系統

　　「大家快來這裡！」史拔克叫著。朱諾、赫爾辛基、溫
尼佩連滾帶爬地跑過來，彼此跌成一堆。

　　「看！」史拔克指著旗杆說，「旗子有什麼不同？」

　　每個人都茫然地看著。

　　「旗子有一部分在水中！」史拔克叫著。

　　「我不了解……」溫尼佩說，「你是指漲潮之類的事嗎？」

　　「不是，真笨，」赫爾辛基說，「我是指，冰山一定在下
沉中。」

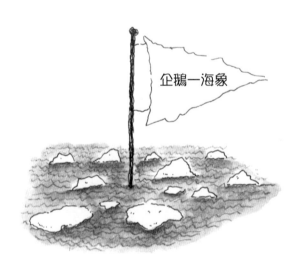

　　「對！」朱諾補充說，「但是，為什麼？」他努力思考，「會不會是後來來這裡的所有企鵝及海象的重量造成的？」

　　「沒錯！」史拔克大叫，「現在我知道為什麼每個人都拚命守護自己的地盤，因為我們的空間沒有像過去那麼大了。冰山下沉，迫使每個人擠在一起！」

　　企鵝們開始搖擺，發出興奮的叫聲。

　　朱諾趕忙在冰上畫了一個新的圖，這個圖與先前畫的有點類似，但是加了一點新東西：

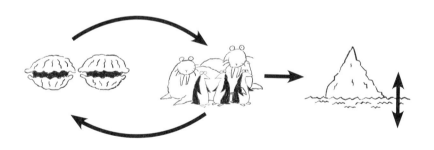

　　朱諾解釋：「當海象將更多蛤蜊捕上岸，就有更多的企鵝及海象想要過來。而且，愈多企鵝及海象過來，冰山就開始下沉。」

　　「是的，但是不要忘記，」史拔克補充，「一旦冰山開始
下沉，我們就會開始相互爭奪。這也造成其他的族群不想過
來。實際上，這個圖應該像這樣。」
　　史拔克修改了圖形。

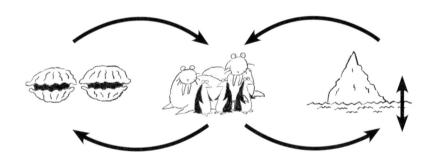

　　赫爾辛基認真思考這個看似簡單的圖形。「有多少企鵝
和海象可以生活在冰山上，有一定的限制。」

「這就好像冰山想要告訴我們什麼，」溫尼佩若有所思，「只是我們都沒有去聆聽。」

　　「事實上，我們把事情弄得更糟，因為我們雇了更多海象，」朱諾補充，「情況因此更加惡化。」

　　溫尼佩對冰山的評語吸引了史拔克的注意。「就好像冰山試著要告訴我們這件事。」

　　當然，冰山是不會說話的。但是，史拔克在想，這就好像周遭發生的一切一直在說：「慢一點」。

　　「一切都有關聯，」他輕輕地說。

　　「現在，我們知道了一切，」溫尼佩說，「我們該做什麼？」

　　史拔克仔細思考著，「也許，我們要先在我們期待發生的事情上達成協議，然後才能決定要做些什麼讓它發生。」

　　赫爾辛基補充說：「我們還需要多了解周遭發生的事，聆聽冰山的聲音，想想事物之間的關聯。」

　　朱諾很興奮地說：「對，我們開始做新的事情之前，應該試著想想一些最後可能會發生的不同事情，我們都不想造成另外一場災難！」

　　當然，現在一切似乎非常清楚了。

　　所以，經過一番討論，每個人都同意他們想要的結果是：「培育出供應量豐富而又美味的蛤蜊，讓所有北極圈的生物都能吃得到。」

　　大家腦力激盪，集思廣益，看看要如何將一些海象和企鵝分布到其他地方，以扭轉冰山下沉的頹勢。創意包括：「建立運輸系統，將蛤蜊運送到其他冰山」，以及「嘗試在大陸附近建立新的蛤蜊養殖區。」

　　聰明的小企鵝們甚至列出這些行動對生態及社會可能造成的衝擊，並且擬好備援方案。

　　然後，他們把一切構想整理成 Powerpoint 簡報，向其他人說明。（這種說明會在野生動物的世界也經常發生，因為數位投影技術的成本愈來愈低了。）

　　經過一些小組討論，他們選擇了一個計畫：在大陸附近建立新的蛤蜊養殖區。這些養殖區不像冰山，大概不會沉。

他們甚至發展具備電子商務功能的網路，如此一來，全
世界的企鵝們都可以訂購蛤蜊。幾個月內，Klamz.com 的蛤
蜊訂購網站首次在網路上出現。

　　這些都在在顯示，企鵝與海象的關係，進入了令人興奮
的新紀元。

　　過了好幾個月，滿足的史拔克再一次登上了企鵝冰山的頂峰，這個頂峰是反思及利用新觀點看世界的絕佳地點。

　　「採取新觀點來看世界是好事，」他想，「如果冰山沉沒了，不知道會發生什麼事情。到時才出面搶救，會不會為時已晚？」

　　史拔克將他的注意力轉移到他周遭熙來攘往的活動，心想：「一定還有一些我們沒有看到的連結，這些連結也許有數以百萬計。」

　　「我們新的思考及行為，是如何影響我們的冰山呢？」

　　「我們現在所實施的計畫，產生了我們並不知道的新結果，這些計畫又如何影響我們呢？」

　　他很快就會發現答案！

結束

細看
〈冰山的一角〉

現在輪到你了：停下來思考一下，在你周遭的世界，有哪些你看不見的部分？在人、事、物、思想之間存在著看不見的關聯，會影響你的世界，你認為這些關聯會是什麼？

就像溫尼佩，你可能會注意到這個問題有個內在的矛盾：你如何知道你看不見的部分？事實上毫不矛盾，這個故事的重點就在這裡。〈冰山的一角〉是一則寓言，用充滿象徵和隱喻的故事來傳達某些真相，作者特別設計用來闡述新的思考方式，以協助揭露某些看不見的連結，以及它們所造成的影響。

寓言最後都會提供心得及結論，我們絕對可以下結論說，我們跟企鵝並沒有什麼不同，他們每天所面臨的挑戰與我們所面臨的幾乎一樣。當企鵝像囚犯一樣，受制於那些他

們看不見或不了解的力量時，也許你可以感受到他們的挫折。而當他們花了許多力氣竟然徒勞無功，甚至把事情弄得更糟時，你也可能和他們一樣困惑。

反思你自己的經驗，你可能發現許多與他們類似的案例，例如：

- 花了很多精力、努力了半天，結果毫無作用。
- 今天實施的解決方案，造成明天出現更多更複雜的新問題。
- 在組織中推動一些事情，剛開始轟轟烈烈，之後就失去動力，最後失敗結尾。
- 一再努力爭取你想要的東西，結果卻發覺愈來愈遙不可及。

如同企鵝們所發現的，諸如前述這些經驗，根源都可以追溯到一些看不見的連結。學習如何識別這些連結，就能看到出現變革的新可能性。

系統思考的世界

讓我們從更專業的角度來看，所有關於企鵝、蛤蜊及隱性連結的討論，其實都是一種入門，吸引你進入所謂的**系統思考**。

系統思考提供了全新的觀點，幫助我們了解因果關係的

複雜型態。這是一種辨別人、事、物之間如何彼此相互連結的方法，對組織而言，系統思考好處多多，幫助我們預警行動所造成的非預期後果，找出最能夠充分運用人力和資源的方法，發掘主導我們及他人行為的隱藏原因，進而做出更好的決策。從策略性的觀點來看，系統思考協助我們進一步掌握現實狀況，讓我們能夠據此設計出更明智的策略，創造我們想要的未來。

那麼，系統究竟是什麼？這裡有個定義：**系統是由一些相互影響、相互關聯、相互依存的部分所組成，這些部分形成一個複雜且具有特定目的的整體**。請記住一個最重要的概念，那就是：不同的部分之間會互相影響，假如這些部分之間不會相互影響，那就不是一個系統，而只是湊在一起的一堆事情或幾個不相關的部分。

思考下列關於系統的案例，看看它們有沒有相互影響、相互關聯、相互依存的部分：

- 螞蟻的聚落
- 汽車的引擎
- 你的眼睛
- 在打網球的拍檔

- 你的婚姻
- 企鵝冰山上的社群
- 你的組織

　　你能察覺這些系統的一些部分如何相互影響，而且是為了特定目的嗎？

　　現在請你與下列這些系統比較：

- 在你抽屜裡一整碗的硬幣
- 存在 CD-ROM 裡的資料庫
- 由成堆的石頭堆起來的牆
- 掛在畫廊裡面的畫作

　　上述這些例子不是系統，而是由一些部分組成的集合體。硬幣、資料、石頭、繪畫並未（針對實際用途）彼此相互影響，它們只是擺在那裡——如果你和一般人一樣，那一碗硬幣可能放在那兒好幾年！

　　系統的理論有一個吸引人的地方，那就是我們在一個領域所觀察到的趨勢，例如北極圈的生態系統，也會出現在其他領域，例如人的身體或組織。所以，系統理論會吸引許多不同領域的學者，例如生命科學、社會學、心理學及組織學等，並不令人驚訝。你只要在某個領域中，學會了辨識特定

的系統動態，在其他領域也一樣能看出系統。

　　好奇嗎？讓我們進行下一步驟，嘗試挖得更深入些。

系統的基本原則

　　為了更清楚了解系統，讓我們花幾分鐘時間探索一下它們的特性：

1. 系統有一個目的。
2. 系統的各部分以特定方式整合，以便讓系統達成目的。
3. 系統在更大的系統中，有其特定的目的。
4. 系統會尋求穩定。
5. 系統會產生回饋。

　　1. 系統有一個目的：所有系統都有一個共通點，就是每個系統都有一個特定的目的。因此，所有系統的存在都有一個特定的理由，而且是為了特定的事情而設計的。假如它沒有目的，就不是一個系統。在故事中，企鵝和海象合作，是要產生一個滿足雙方的食物新來源。現在，想想你身體的消化系統，它的目的是將食物分解，提供養分給身體吸收。每一個組織也都是根據一個核心目的而設計，這個目的並非僅止於表面上的目的，亦即藉創造利潤以永續經營。全球最大

居家材料零售商家庭貨倉（Home Depot）的目的，是要讓家庭DIY（自己動手組合的傢具或設備）及專業人士更輕易改善居家環境；凱特彼勒（Caterpiller）製造許多重型機械、引擎及相關支援服務，是為了「建立世界的基礎架構」；網際網路巨人思科公司（Cisco System）提供解決方案，是要讓人類與電腦網路連結。在每一個案例中，目的（或稱為使命）會推動組織結構形成的方法。

　　這裡有一個有趣的想法：你是一個生命系統，難道大家不了解，你也有獨特的目的嗎？當然了解，只不過一提到活的系統，要看出目的就比較困難。（關於個人使命，在故事2〈旅鼠的困境〉中有深入探討。）

　　2. 系統的各部分以特定方式整合，以便讓系統達成目的：曾經在生物課解剖過青蛙的人都知道，青蛙沒有肝或胃就會死亡。同樣地，把鐘錶裡面的一些齒輪拿掉、從弦樂四重奏中拿掉大提琴、電腦少了鍵盤、婚姻中沒有了信任，或是組織中缺了業務功能，都無法達成系統的目的。相反地，一碗各式各樣的堅果，如果拿掉其中的腰果，這碗堅果仍然能發揮原來的功能，因為這碗堅果並不是一個系統，堅果與堅果之間沒有任何關聯。

3. 系統在更大的系統中，有其特定的目的：這是系統思考開始令人感到有趣的地方。系統內嵌到更大的系統裡，每一個系統各有自己的目的，並且與其他的系統一起運作，以完成更大的目的。想想你的汽車點火系統，它是被嵌在更大的系統裡（就是你的車），點火系統的目的是啟動複雜的機械及電子系統，以發動汽車的引擎，而汽車本身的目的是將乘客（你）從一地運送到另外一地。你可以看到點火系統的目的如何支援與貢獻汽車目的。事實上，沒有一個系統能夠獨立於這個世界之外，而不與其他的系統連結，每個系統都會與更大的系統協同運作。

這可能相當複雜。你是一個系統，對吧？但你也是你家庭系統的一分子，你的家庭又是社區的一部分，社區又隸屬於更大的社會系統，社會又是人類的一部分，隸屬於全球生態系統。對任何系統採取的行動或擾亂，都會對其他相連的系統產生漣漪效應，而且或多或少會造成一些影響。

4. 系統會尋求穩定：你可能會把客廳裡的溫控系統設定在你需要的溫度，比方說華氏 72 度（約攝氏 22 度）。隨著外在環境溫度變高或變低，你的溫控系統會做調整，讓熱空氣或冷空氣透過通風口送入室內，經過這些調整，室溫就維

持在舒適的華氏 72 度。

所有的系統都有穩定的傾向，每個系統都會「設定」成它「喜歡」的模樣。儘管外在的影響力會嘗試改變系統，系統總是會回到原來的設定值。下次你的身體與病毒作戰並回復到攝氏 37 度的正常體溫時，你應該慶幸系統有這項特性。然而，這種穩定的傾向也會轉換成抗拒改變的心理。這種員工及學生的抗拒改變心理，讓許多管理者、家長、決策者憂心不已。例如，家庭系統的理論家觀察到，當一個酗酒的父親採取正面的行動戰勝酒癮，其他家庭成員就會很微妙且下意識地破壞他的努力，因為父親戒酒會把過去家人的互動方式瓦解掉。連組織裡面一些簡單的方案，比方說採取一種新的營運流程，也會遭遇到強烈的抵抗，那是因為新的方案會對尋求穩定的系統（及子系統）產生一波波的改變。

在故事中，企鵝們採取了一些不大成功的干預方式，例如發了許多的備忘錄、做敏感度的訓練，想要修正事情，卻徒勞無功。我們全都會面臨的誘惑是，轉動最顯而易見的「旋鈕」來操縱改變。但是，在系統中，最顯而易見的干預可能不一定是最持久的。這類行動的效率，充其量和踢海床差不多：剛開始可以看到一些變動，但最後所有的事情就恢

復原狀。

5. 系統會產生回饋：有一位理論家很簡潔、優雅地對系統下了這樣的定義，他說：「系統是任何能與它自己交談的事物。」他的定義指向系統中回饋的核心角色，所謂回饋，是指能將各種資訊或資料送給系統本身並調整系統。溫控系統感測到你客廳的溫度，然後把這些資訊回饋給通風系統。企鵝與海象們逐漸升高的對立也是一種回饋。當你咬一口很燙的披薩，你會立即感受到灼熱的疼痛，那是你的中央神經系統發出的回饋。一個小孩愈來愈有攻擊性，並且變得冷漠且憂鬱，也是由於他所見所聞的回饋，相當值得注意。組織生產力突然意外衰退，或銷售業績大起大落，情況也是一樣。

假如系統是健康的，它會「聽見」回饋並加以反應，系統如果不能對回饋做出正確的識別、解讀及行動，這個系統就失去功能了。企鵝們相信彼此的糾紛是獨立的個別現象，而且無法想像它與其他的行動如何連結在一起。起初，他們無法辨識這個回饋。在他們看清楚之前，都沒有辦法採取有效的行動。

從線性思考到系統思考

　　我們周遭的一些事件，遠比我們所看到的要複雜許多，通常具有許多成因，大多數人都知道這點，但我們往往很喜歡用簡單的因果關係來解釋：

- 「我的婚姻失敗，因為我的先生是工作狂。」
- 「如果我們能揚棄暴力的饒舌（Rap）音樂，街頭就不會再有幫派問題。」
- 「失業率終於下降，所以我們一定要讓市長連任。」
- 「假如他們能給我們更多研發預算，新產品的上市就會成功。」
- 「假如我們希望打鬥停止，就需要提供敏感度訓練。」

　　這些都是線性思考的例子，我們用「A 造成 B」的模式來描述事情。（記得朱諾在冰上從「海象」畫了一個箭頭到「蛤蜊」嗎？這就是傳統的線性思考。）線性思考很吸引人，因為它簡單、好記，而且是政治選舉時最佳的廣播講詞來源。問題是，事實往往是由多重的因果關係建立的，線性思考卻很少反映這種複雜性。

　　是的，A 影響 B，但就像朱諾後來畫的，B 也會影響 A。

所以，暴力的饒舌音樂是否頌揚街頭幫派文化？喬的工作狂

A➤B

線性觀點

是造成他與珍婚姻失敗的主因？市長的政策是否有助於降低失業率？說不定哦，也許很有可能。但是，系統思考者會假設有許多其他複雜的因素在這些情況中發生作用，如果一開始就將一些因素排除在外，不但有失公正，而且會造成我們採取沒有效果、甚至災難性的行動。

在故事中，海象的行動影響了蛤蜊的數量，而蛤蜊的數量影響了冰山的吸引力，也就是有多少海象及企鵝會跑過來；在此同時，海象及企鵝的總數量，會影響到冰山在水面上的高度，進而影響到後來爆發的爭奪情況，而打鬥與爭奪使得冰山的吸引力降低，並導致海象及企鵝們不再前來。而這其中有許多我們還未識別的其他許多連結。最後，這些關係及行動循環出現，對海象及企鵝們產生重要的影響。

線性觀點

我們要如何釐清這些複雜的關聯，以便採取有效的行動，創造我們想要的結果呢？讓我們檢視系統行為的共通之處，看看我們能不能為我們的組織找到答案。

建構系統的積木

這裡面只有兩個基本的環路在主導所有系統的活動，就是「增強環路」及「調節環路」。

增強環路會以同一方向的更多改變來加強改變，這種循環會造成指數的成長或衰敗。儲蓄存款帳戶的複利就是一個簡單的例子：利息會根據你的存款餘額而增加，增加的存款會產生更多利息，而這又使存款增加……你了解了嗎？那麼利息一定是好事嗎？那要看情況了。假如利息是在你的戶頭裡，比方說在你的退休基金裡，對你產生貢獻，那是好事。但如果相同的情況發生在你的信用卡帳單裡，那就不是好事了。當增強環路是正面的，就是「良性循環」，如果是負面的，就是「惡性循環」。

在故事中，企鵝們進入了一個良性的增強環路，在這個環路中，新來的企鵝與海象的數目，增加了可食用的蛤蜊數，這增加了冰山的吸引力，進而再次增加了企鵝與海象遷徙的數目等。以行銷學的說法，這就是所謂的「口碑效應」。

請注意，在增強環路中，每個變數所形成的環圈，一個變數會影響到下一個，然後循環不已，這種視覺化的表現方

式，就是系統思考的精華所在，也是我們稍候要進一步深入

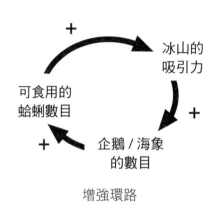

增強環路

了解的部分。現在，先注意到小＋標記（以及右頁圖中的－標記），這些標記表示一個變數如何影響另一個變數，＋號表示兩個變數是正比關係，當一個變數增加或減少時，會造成下一個變數在同方向增加或減少，所以，當冰山的吸引力增加時，企鵝／海象的數目也會增加，而－號則表示兩個變數是反比關係。

　　跟得上嗎？很好（你是否注意到，系統思考是一個很有用的語言，可以很結構化地把你直覺的認知表達出來？）在故事中，企鵝們百思不解，為什麼事情會愈來愈糟？史拔克在故事一開始就已經想到一些事了，例如食物可以吃多久、快樂可以持續多長。事實上，所有的增強環路都有潛在的限制，沒有任何東西可以永遠成長，史拔克的直覺，提醒了他注意系統思考的另一塊積木，那就是調節環路。

　　調節環路會使系統維持在一定的狀態下。在這個案例

中，冰山只能承受一定的重量，否則就會下沉。當更多企鵝與海象持續遷移到冰山上，族群的總重量就會逼近冰山的極限。冰山下沉時，生存空間就會減少，然後地盤的爭奪情況就會增加，而動亂的消息傳出去後，就會讓想來的動物們裹足不前，所以動物的數目就會停止成長——就好像溫控系統將溫度維持在華氏 72 度。

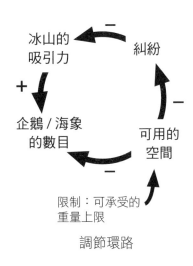

調節環路

購物中心的成長趨緩，往往是因為停車場的空間到達了極限；羅曼蒂克的關係陷入僵局，是因為有一方觸及彼此親密程度的底限；某一產品的區域營業額不再成長，是由於市場飽和了。以上的種種，就說明了調節環路會使系統的成長限制在某個程度內。

調節環路的例子俯拾皆是，但是要發現它的存在，卻比增強環路更難。畢竟，某件事呈指數成長或衰退時，我們就很明顯可以看出增強環路了，對吧？但是調節的機制卻相當

隱諱不明。當企鵝們探索、確認和了解這些隱藏的調節環路時，這會控管組織或任何其他系統改變的一個主要關鍵。

將環路扣在一起

你也許會注意到，我們的環路與朱諾在冰上所畫的很像。是的，跟企鵝一樣，我們現在使用的是所謂的系統循環圖。描述系統動態的視覺化語言很多，系統循環圖只是其中一種。

現在讓我們將兩個環路（增強環路及調節環路）扣在一起，形成一個更為動態的循環圖，並考慮會發生什麼事，這裡有些東西會變得很有趣：

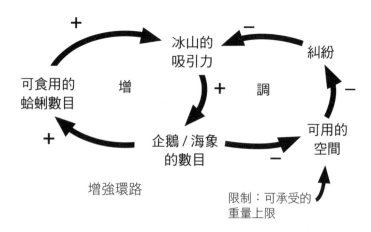

冰山系統的系統循環圖

請注意，除了將兩個環路連起來，這個圖還包含一些其他的細節。左邊的環路是「增」環路，右邊是「調」環路，這些只是要提醒我們記得，左邊是增強環路而右邊是調節環路，無論系統變得多複雜，它們都是由這兩個基本的積木所組成的。

現在，讓我們來研究這個系統循環圖，以便整體了解冰山系統的動態。*我們將會一步一步來討論。

就從圖的下方中間開始，變數「企鵝／海象的數目」增加時，可供食用的蛤蜊數目也跟著增加，然後冰山的吸引力也增加了，而正面的口碑使得企鵝／海象的數目又增加，使可供食用的蛤蜊數目增加得更多，如此循環下去。我們的增強環路，形成了愈來愈好的良性循環。

現在，讓我們看右邊的環路，當企鵝／海象的數目持續

---

* 有些人士認為，系統循環圖這種視覺表達系統的方式過於簡單，因為它無法抓住任何特定系統無限的複雜度。他們的觀點是有道理的，有些以最豐富的方式呈現系統的方法，來自動態及詳細的電腦模型，這些電腦模型可以更精確地描繪出系統真實的複雜性。最好是把系統循環圖當作簡化的模型，這個模型說明了我們在特定情況中對系統內不同力量的了解。對這些循環圖有正確的認識，就可以用它來說明特定的重要看法，你接下來就會發現這點。所以，在了解了它的限制後，我們繼續往下走。

增加時，他們的總重量會逼近冰山的極限，重量使得冰山開始下沉，生存的空間就減少了，每隻動物的空間少了後，地盤的爭奪情況就會增加，而冰山對企鵝的吸引力則減少。

最後，讓我們完成旅程的最後一段，回到左邊的環路。當冰山的吸引力減少後，企鵝／海象的數目也減少了，所以可供食用的蛤蜊數目也跟著減少了，由於沒有許多的海象採收蛤蜊，冰山的吸引力也變差了，如此循環下去。冰山的成長現在開始停滯，增強環路不再是良性循環。

接著會如何呢？企鵝們進入了一個增強循環，他們持續推動系統的成長，誤以為他們離系統的容量限制還很遠，但是當他們逼近系統真正的極限時（他們沒有看見的那一點），系統開始抗拒進一步的改變。

如同企鵝所學到的，我們不了解系統時，往往會被系統給困住。我們愈了解系統結構，就會發現許多改變的槓桿點，如同系統思考專家丹尼爾·金姆（Daniel Kim）所說的，我們一定要學會在系統之「上」工作，而不是在系統之「中」工作。或者，用另一種方式來說，金姆問道：「我們如何成為更好的系統設計師，而不只是系統的操作員？」

當我們不知道系統如何運作時，我們就會退而求其次，

對它所產生的特定事件做反應——也就是冰山看得見的部分
（「嘿，收成蛤蜊可以讓我們的生活更好！因此，我們要繼續
採收蛤蜊。」）但系統思考協助我們看見事件之上的層次——

經過一段時間後，事件發生的模式（我不
認為企鵝被壓傷的事件只是偶發事件！）
當我們注意到模式，我們就更有機會看見
主導這些模式走向的隱藏結構（「冰山正
在下沉！」）我們可以更有效率地採取行
動，重新設計我們所處的系統，或是建立
全新的系統，以得到我們想要的結果。

冰山模型

下一步：系統基模

〈冰山的一角〉及其系統循環圖，只是眾多系統行為中
的一種，這個故事排除其他因素，特別強調系統達到成長限
制時的行為模式。但是，請不要把它當作唯一的一種系統故
事，還有許許多多其他的系統故事可以訴說，我們將這些系
統故事稱為「基模」（Archetypes）。

將基模當成是共通的故事情節，系統的戲碼將會在你生
活中的不同部分重複上演。〈冰山的一角〉是根據「成長的

上限」基模所編出來的（你自己的組織是否也碰到和企鵝一樣的痛苦經驗？如果是，你會希望更深入了解「成長的上限」基模。）

假如你選擇超越企鵝冰山的經驗，繼續探索系統思考，你會發現其他共通的系統基模，不論組織的情節有多少種，這些基模都會產生新的見解及高槓桿的解決方案：

- **飲酖止渴基模**說明了短期有效的解決方案，通常會造成長期慢性有害的非預期結果。

- **捨本逐末基模**說明了可減輕症狀的解決方案，它常會造成我們依賴這個症狀解決方案，並瓦解系統解決根本問題的能力，這個結構代表了同時也會使癮頭更大的行為模式！

- **惡性競爭基模**的發生時機為：當雙方彼此將對方的行動當成是威脅時，雙方都會以威脅的方式回應，威脅不斷地升高，直到雙方僵持不下為止。這個基模出現在兩個相似產品之間的價格戰，或其他形式的競爭。

- **目標侵蝕基模**說明，在組織中，降低組織目標的誘惑，往往要遠大於突破組織障礙的誘惑。這也是一個慢性中毒的基模。

- **共同悲劇基模**說明，許多不同的人爭取有限資源的情

境——如果你曾和大城市高速公路上的尖峰時刻大塞車奮
戰過，你就會知道這一點。

• **富者愈富基模**是在反映「富者愈富、貧者愈貧」的現象。
兩個團體在競爭有限的資源時，其中一個較早成功的團
體，可能會繼續獲得資源的絕大部分。

• **成長與投資不足基模**說明，組織在面臨成長限制時會如
何。如果組織投資擴充產能，就可能避免這項限制。如果
不進行這些投資，需求會下降，進而導致組織對產能的投
資更少，如此循環下去。

若要進一步了解系統基模，請參考飛馬傳播公司
（Pegasus Communication）所出版的《系統基模基礎》（*Systems
Archetype Basics*）。

成為系統思考者

當系統的力量阻礙我們介入時，是否意味著沒有其他的
選擇可以進行改變？很幸運地，作為人類，我們有反思及學
習的能力。我們有能力（權力）改變，以創造我們真正想要
的結果。

當我們擁抱了系統思考的修練，我們會以非常不同的角

度看世界。以我們培養對系統察覺力的程度，我們可以從反應式的立場（只會對事件做反應），提升到有目的或創意的立場，設計出在組織中產生永續結果的系統。

　　系統思考如同所有的技巧，必須要加以練習，才能達到熟練的程度。你可以開始練習，將觀念及工具應用到你自己的業務上。當你在定義情節以便練習技巧時，可以思考下列這些事項：

- 假設你現在的經驗或結果，是由多重的因素所造成的，而不只是那一個最顯而易見的原因所造成。
- 先指出規模較小的問題，做為應用系統思考以達到更佳績效的契機。
- 和具有系統思考修練的人或有興趣探討系統長期議題的夥伴一起討論。
- 從系統的不同部分尋找觀點，例如，運用深度匯談的技巧，和組織裡不同部門的代表談話，蒐集對問題更完整的看法。
- 問「五個為什麼」，也就是說，當你在了解事件背後的原因時，問「為什麼會發生？」確定原因後，再問一次，「為什麼會發生？」總共問五次為什麼，可以挖得更深，找到

根本的原因。

- 從定義變數開始做。

- 當你在畫循環圖時，不要有太強的預設立場，你所發展出來的循環圖，代表了你現在對系統的了解，而不是最後的結論。

- 對於快速有效的對策，抱持懷疑的立場。

- 專注在對整體有效的解決方案，而不是對部分有益的對策，例如，不要說：「我們如何修理業務部門那些傢伙」，而是要整體考慮組織的大環境，再以新的角度去探討業務部門與更大系統之間的關聯。

- 針對你所找到的任何對策，設法尋找可能導致的潛在且非預期的副作用。

- 貪多嚼不爛。只要專注於一段時間內的一些關鍵改變即可。

- 要有耐心等待改變發生，運用系統思考無法快速解決累積已久的重大問題。

　　或者，簡而言之，就是要：觀察、聆聽、反思，然後採取行動，這樣你就不會再用相同方式，來看你與世界的關係。

幫助團隊討論的一些問題

- 在這個故事中，要如何描述主要的系統？系統由哪些部分組成？系統的目的是什麼？

- 持續反思故事裡的主要系統，系統之外更大的系統是什麼？它的一些「子系統」是什麼？

- 企鵝所在的系統是如何尋求穩定的？它如何回應企鵝們當初試圖改變的行動？它為何會如此反應？

- 為什麼企鵝們在它們的系統中，不易辨別和診斷出回饋？

- 現在，想想你的組織，有哪些流程、結構、信念，使我們不易辨別及有效回應系統的回饋？

聆聽火山的聲音

開啟心靈及創造可能性的交談方式

譯者導讀
一群超越企業主管的村民　　　劉兆岩

　　這是一個值得我們細嚼慢嚥的故事，如同前幾個故事，再次讓我們觀察到我們與組織互動、與社會共處的情境。故事情節雖然簡單，其中寓意深遠，切中了社會最需要的議題——族群為何分裂？雖然每個人都口口聲聲喊著族群融合，反而加劇了分裂的程度。

　　我看到了一群在火山口下求生存的村民（跟台灣的處境很類似），原本恬靜而悠閒的生活，被隨時會爆發的休火山攪亂了生活的步調，村民們被迫面對生死存亡的決定。雖然從來沒有對抗火山爆發的經驗，卻得採取必要的行動，在行動前的村民大會上，發生了有趣的對話場景。

　　原本和睦相處的村民們，為了自己最關心的議題，開始產生歧見，不知怎的開始分成兩派，從各說各話到相互叫

囂、對罵，到最後出現人身攻擊，甚至是族群分裂，跟我們在選舉中看到的情形如出一轍。

米蘿（本故事的主角）是一位年輕少婦，不小心攤開內心的想法，卻帶來了全新的交談方式。她吸引了一小群村民參加營火旁的匯談，在安全的對話空間裡，大家願意揭露心中的想法而不會傷害彼此。

這一小群村民的偉大之處，不是勇敢地說出自己的想法，而是他們能承認自己的無知。在許多企業，主管是不可以承認錯誤的，承認錯誤是比自殺還要恐怖的事，所以即使面臨倒閉也不可承認錯誤的心態，將會使組織走向滅亡之路！

這個故事的可貴之處就在於，讓讀者了解我們習以為常的交談或溝通的方式，很可能就是造成我們無法達成任務的最大障礙。如同故事情節，一群村民藉由集體思考而產生有意義的行動，最後創造出意想不到的最佳解決方案。

偉大的集體智慧產生，往往源自於微不足道的說話及互動方式。我們經歷的選舉雖然是最公平的方式，卻是最容易分裂彼此的溝通方式了，聰明的你願意承認有更好的互動方式嗎？答案就在本書中！

（本文作者為羿白國際管理顧問公司總經理）

第 1 話

「悶燒的松樹」村

　　很久很久以前，有一個村落，名字叫做「悶燒的松樹」。

　　「悶燒的松樹」村位在一座巨大的休火山迪思考迪亞山（Mt. Discordia）的山腳下，四周都是陡峭的峽谷。

　　村落的地理位置無助於提振蕭條的房地產市場，但是景色真的很美。

這是米蘿。

請注意，她的世界跟你的世界最主要的差異之一是：
在「悶燒的松樹」村裡，人們說的話是可以看得見的。
人們說出來的話會出現在樣子跟木板很像的板子上。這
些板子通常被拿來裝開胃菜，或是裝飾盆景。

　　只要人們一張口說話，這些話就會出現在空中，然後隨意地掉落在地上。

　　許多屋主便將這些掉下來的板子插在房子四周。

　　久而久之，這些話板形成了圍籬，而整個鄉里的鄰居們也逐步發展，定義出 p 類型、q 類型及其他不常用的符號。

這麼一來，人們所說的話便形成這個社會的結構。

喔，還有一件事情你應該知道。

　　人們心裡的想法跟說出的話一樣，也是可以看得見的。居民只要將頭持續朝逆時針方向旋轉，直到出現「砰」的一聲巨響，腦袋裡的想法就會飄浮在空中。

　　只有少數村民親眼看過這種罕見的現象，因為他們的頭都太緊了。

　　但是，只要某人的頭真的轉出「砰」的一聲⋯⋯很好，你很快就會知道有事情要發生了。

　　除了這些奇怪的差異之外，「悶燒的松樹」村的生活幾乎與我們沒有什麼兩樣。

　　只是，這個村落距離火山太近了，生活在這裡真的很危險。

　　但是，村民們卻一點也不介意。

　　畢竟，迪思考迪亞火山已經沉睡了好幾百年，它突然爆發，從天而降威脅村莊的可能性會有多少呢？

第 2 話

火山突然醒來
從天而降威脅村莊

　　有一天下午，米蘿正在她的農莊裡尋找可以擺設花園守護神的地方。

　　雅克斯先生，她隔壁的鄰居，一如往常地叫著，「誰把這些問號及刪節號的話板，丟到我們這裡？」

　　「不是我！」杜威喊叫的聲音從他的前廊傳過大街，他正在看報紙。

莉比（在婦女終身教育講座教人如何演講），從家裡跑出來，站到人行道上，瞧著雅克斯農莊裡那堆凌亂的東西說：「我相信那些是米蘿的。」

　　米蘿很吃驚，「問號？刪節號？我不知道……不會是我吧……」

　　「啊哈！妳看，都是妳的！」

　　雅克斯先生指著一堆逐漸增加的標點符號說。

正當米蘿要回話時，大地突然劇烈搖晃起來，一縷細煙從地平線上冒出來。

「發生了什麼事……？」雅克斯先生問。

「難道是……？」米蘿大為震驚地問。

「喔！刪節號更多了！」雅克斯先生叫著，並把這些話板丟回米蘿的農莊。

鄰居們很害怕地看著迪思考迪亞火山。

人群開始在街上聚集起來，驚恐的村民從家裡湧到村裡的廣場。

　　米蘿、杜威、莉比、雅克斯也加入群眾。

　　擁擠的廣場上，瀰漫著驚恐的氣氛。

　　「火山就要爆發了！」一個男士大喊著。

　　「什麼時候？」另外一個人叫著回應。

　　「可能是幾天內，幾週內……誰知道？」一位女士回應著。

　　「我們能做什麼呢？」另一個人哭號著。

有一個聲音說，「我有一個主意！」那是雅克斯先生，群眾安靜了下來。「當火山爆發時，我們一定要爬到樹上，逃過熔岩流。」他對大家宣布。

有一些人發出贊同的聲音。

事實上，他們愈思考這個策略，就愈覺得它似乎很合理，過了一會兒，有一半的群眾開始歡呼著：「爬樹！爬樹！爬樹！」。

當他們大聲叫喊時，那些話語一一掉到地上。

「不！你錯了！」杜威大喊著，「爬到樹上沒有用，我認為我們要阻止火山爆發！我們要把一個巨大的防火塞子，塞到火山口上。」*

另外一半的群眾聽到如此有智慧的點子，開始大喊：「塞子！塞子！塞子！」

當他們大聲叫喊時，那些話語一一掉到地上。

兩個團體開始對立，相互叫囂，音量愈來愈大，也更堅信自己的想法。雅克斯太太當然支持他先生及爬樹的這一組，莉比則加入了塞子團隊。

只有米蘿沒加入這兩個團隊，她看到愈來愈多的話板掉到兩個團體之間的地上。

---

* 這個點子在那時是非常先進的想法，要過了三年後，Amazon.com才有賣防火的火山塞子。

一道牆開始形成了。

這道牆一直升高，直到彼此都快看不見對方了。

有些人感到挫折，便開始把木棍及石頭丟擲到牆的另一端，很快地，情況惡化成猛投話板。〔在「悶燒的松樹」村裡，話板是會傷人的——尤其是好幾個字連在一起時，例如「敲你的頭」（knucklehead）〕。

當討論開始引發衝突時，米蘿發現了有趣的現象：每個人都很快地選邊站。

我們使用文字的方式，造成了彼此分裂，她想著。

我們的話語好像很適合做成圍籬，並且用它們來丟擲對方。

但是，這些話語卻沒有讓我們得到任何答案，也沒能讓我們團結在一起 。

我們的話語並沒有創造任何新的見解。

時間一點一滴過去了，雙方人馬逐漸散去，每個人都確信，他所擁護的那一方贏得了爭辯。

當鄰人們跨過因為剛剛的爭吵而堆積如山的話板堆步行回家時，雅克斯還繼續跟杜威、莉比爭辯著。

米蘿陷入了深深的思考，沒有陷入雙方的討論中。

然後事情發生了：當米蘿回到家，轉身向其他人招手說再見時，她被一些零星的驚歎號板子給絆倒了，跌到花叢裡面，她的頭撞到花園的守護神像。

　　空氣中響起很大的「碰」的一聲。

　　米蘿的鄰居驚恐地一擁而上，把她扶起來……然後大家突然停住，目瞪口呆！

「嘿，你們看，」杜威大叫著，「我可以看見米蘿在想什麼！」

「沒錯！」雅克斯先生說（那天傍晚，他第一次對杜威的話表示贊同），「她好像認為我們是一群有創造力（creative）的人！」

「不，不是那樣，」雅克斯太太用手肘輕推她的丈夫，「她是在說，我們是反應導向（reative）的族群！」

「嘿，我可不是反應導向的人！」杜威大聲反對。

米蘿感到很羞愧，她立刻把她的想法塞回腦袋裡，蓋上頭頂的蓋子，費勁地移動雙腳。

「我很抱歉……我不是這個意思……」她咕噥著，「我真的要走了。」

她沒等到其他人回應，就匆忙地跑回屋子裡，為自己泡了一杯濃濃的「火山真話」藥草茶。

她花了好長一段時間才睡著。

第 3 話

揭露眞實的想法

　　隔天早晨，米蘿醒來，聞到揮之不去的硫磺味，她朝窗外的迪思考迪亞火山望去 。

　　莉比站在農莊裡，也做著同樣的動作。

　　莉比瞧見米蘿，走到莊園外跟她打招呼。

「早安。」米蘿說。

莉比的視線一直看著地平線那端，簡短地說：「我想妳是對的。」

「我是對的？哪裡對了？」

「我們是反應導向的族群。我們只是對問題做出回應，沒有好好思考所有的可能性，我們總是聽從講話最大聲那個人的意見。」

「喔，妳是說這個。」米蘿臉紅了。

「昨天晚上看見妳的想法……啟發了我，」莉比繼續說著，也不管米蘿感到尷尬，「妳還有什麼想法呢？」

「我不知道，真的沒什麼。」

莉比不肯放棄，「妳能再做一次嗎？」

米蘿猶豫了一會兒後，迅速地環顧四周，深深吸了一口氣，然後將她的頭逆時針旋轉。

這一回，她的頭只發出輕柔的嘶嘶聲，很容易就轉開了。

　　米蘿和莉比一起觀察這些想法。

　　很奇妙地，有些想法連米蘿自己都不記得，至少那些想法並未浮現在她的意識層面。

　　而當這些想法浮現時，又是什麼因素讓她感覺會受人責難呢？

　　就在這個時候，他們聽見雅克斯太太的聲音。「親愛的！」她大聲呼叫他的先生，「她又開始了！」

雅克斯夫婦立刻趕到米蘿和莉比身邊，杜威在聽到騷動之後，也很快加入他們。

　　他們都趨身向前，緊緊瞪著米蘿的想法。

　　「妳怎麼會認為我們還有其他選擇？」雅克斯先生問，「我們沒有，我們被困在『悶燒的松樹』村了！」

　　米蘿依舊保持冷靜地回答，「我想那時候我覺得我們並沒有看到其他選擇，所以每個人都只是一直在討論幾個我們看到的答案而已。」

　　「所以我們需要開始去看那些沒那麼清晰可見的選擇。」
莉比說。

　　「不可能！」雅克斯先生叫喊著，「既然不清晰可見，又
怎麼看得見？」

　　「也許答案在這裡。」莉比開始整理米蘿的想法，那些
想法現在都散落在草地上。

接下來的幾個小時，每個人來回尋找米蘿的想法，看看能否發現答案，雖然米蘿不大喜歡如此鉅細靡遺的檢查，但她還是盡力地誠實解釋她的想法。

最後，杜威宣稱，「也許有比我當初的想法還多的選擇。」

「我想你是看到某些東西了，杜威，」雅克斯先生說，「我們再聚會一次，多討論看看吧。」

令米蘿驚訝的是，每個人都同意了。

「何時？」雅克斯先生問。

「今天晚上八點鐘！」莉比說。

這時候，在村裡的廣場上，其他村民還繼續著前天傍晚的爭辯。

他們覺得很有信心，自以為有了很大的進展，雖然他們只是用更大的聲音重複相同的台詞。

他們所說的話板形成一道路堤，將整個族群從中一分為二。

在這些事進行的當頭，

煙霧不知不覺地瀰漫了整個村莊。

第 4 話

營火邊的想法

　　在大家的同意下，杜威、莉比還有雅克斯夫婦，在當天晚上加入了米蘿的聚會。他們驚訝地發現，她已經在農場上升起了小小的營火。

　　「過來坐下，」她向他們招手示意。

每個人都找了一個位置坐下來，專注地凝視著火焰。

　　米蘿小聲地說，「今天晚上是你們的時間了，」她說，「我很樂意為各位揭露你們的想法。」

　　她的鄰居們緊張地對望著，陷入一陣尷尬的沉默中。

　　「我想這很公平。」莉比說，然後伸手摸向頭頂。

　　雅克斯先生很不情願地跟著做出同樣的動作，然後是他太太，最後杜威也做了。*

　　然後，他們開始分享首度奔流而出的許多想法。

---

* 這個動作對杜威來說特別困難，他必須進到屋裡，把頭放到熱水下面，並用頭猛力撞擊廚房的流理台，直到頭砰然旋開為止。

　　「我真不敢相信妳是這麼想的！」雅克斯先生指著他太
太的一塊話板驚叫。

　　這個團體掉進了不舒服的沉默當中。

　　過了很久，米蘿提示，「試著向彼此提出問題吧，就像今天早上你們問我問題那樣。」

　　於是，他們開始問問題。

剛開始，大家的注意力不禁放在想法的對或錯上。

但是，在米蘿的引導下，再加上彼此都在想法上做了更深一層的探索，他們愈來愈能接受新的見解。

他們開始意識到，他們大聲說出來的話，並非都能傳達出內心真正的想法，他們試圖找出更真誠的方式來表達內心的觀點。

最後，他們終於看見以前沒有考慮過的可能性。

接下來幾週的每個晚上，他們都以此方式討論交談。

　　每一次，他們都圍著嗶剝作響的營火交談到很晚，他們感到內心的信任感及智慧都更加深刻。這個小圈圈的範圍似乎不斷地擴大，再擴大。

　　有一天晚上，每個人都回家以後，米蘿一個人坐著反思。

　　雅克斯先生所揭露的想法，一直縈繞在她心頭，「我們想要完成什麼？我們真的有時間做這些嗎？」

米蘿在顫抖著。他說得沒錯，他們花了太多時間在談話上。

「我們何時才能做出決定？」她想著。「或是針對問題找出答案？這是我們對話的的目的，不是嗎？」

「或者說，是嗎？」

當天晚上，當村民睡著後，沒人注意到有少許燃燒的火苗輕輕地從天而降，就像雪花一樣──是燃燒的火山灰，真的會傷到人。

最終話

迪思考迪亞火山爆發

隔天早上，迪思考迪亞火山終於爆發了。

地面鼓起，轟隆的爆炸聲迴盪在空氣中，灼熱的岩漿噴濺出來，形成橘紅色的河流，從火山上流下來，朝村莊的方向蔓延。

村民們嚇壞了，紛紛採取各種行動。有的人用塑膠布和膠帶把門窗封起來，有些人爬到樹上，還有些人聚在一起吼著說要做大塞子。

　　米蘿從窗子看到這一片混亂，喃喃自語道，「我想一切都完了！」

　　她走到外面，當她看到她的鄰居都在等她，她並不覺得意外。

　　「我們……我們不知道還能做什麼，我們想我們需要交談。」雅克斯先生有點迷惑地說，雅克斯太太和莉比點頭同意，甚至連杜威也沒有異議。

　　這似乎很瘋狂，但是不知道為什麼，他們比以前更加清楚彼此需要繼續對話下去。

　　當火焰如噴泉般噴出，布滿整個天空，小小的團體圍成了一個圓圈。

他們旋開自己的頭，內心澎湃激昂，他們談到了危機——甚至還談到了未來。他們分享彼此的想法、見解、問題、擔憂、感想、假設、感覺、信念和恐懼。

通過這樣的深度匯談，他們的話板掉了滿地。

只不過這一回，他們的話板——以及內心的想法——並不是胡亂地掉成一堆，而是竟然……很有目的的整合在一起。

「看！他們造了一座橋！」一個驚惶失措的路人大喊。

消息很快傳遍了整個村莊，所有居民都帶著最貴重的家當，迅速地越過峽谷。

當他們安全抵達另一邊之後，人們緊緊地靠在一起，絕望地目睹岩漿流到村莊的邊緣。

　　米蘿、莉比、雅克斯、杜威，他們的臉上沾滿了火山灰，表情混雜著驚愕及難過。

米蘿陷入沉思中。

在改變交談的方式後，我們創造出一些超出預期的新東西。

我們也許失去了村莊，但是我想……我們還可以透過改變使用語言的方式來創造些什麼呢？

　　突然間，岩漿有慢下來的跡象。當這橘紅色的液體吞噬
了一間小屋和玉蜀黍田，讓玉米花爆炸時，每個人都屏住氣
息。

　　然後，岩漿停止了。*

　　大家很驚訝，沉默了半晌。

　　然後開始瘋狂地歡呼。

---

* 當岩漿停在離稅務局不遠處時，群眾裡傳來一陣失望的譁然聲。

五項修練的故事
386　David Hutchens' Learning Fables

　　一位村民走到米蘿及她的鄰居身邊。

　　「做得好，」他說，「是誰想出來造橋的主意？」

　　他們面面相覷，不確定地看著對方，是誰的主意呢？

　　「說實在的，不是哪一個人的主意。」米蘿說。

　　「或者說，是每個人的主意。」莉比補充說。

　　這個人被搞糊塗了，「一定是某個人想出來的主意。」他堅持說，群眾們聽了，也竊竊私語表示贊同。

　　對米蘿及她的夥伴來說，這種想法也沒錯，但是，這個主意的確是在大夥兒匯談的時候浮現出來的。

　　「妳能不能教我們怎麼做呢？」一位年輕的婦人問。

　　米蘿看看她的鄰居們，他們全部點頭同意，「我的朋友和我今天晚上有聚會，」米蘿對她說，「來參加吧！我們會教妳。」

　　「會不會很難？」年輕的婦人緊張地問。

　　「也許吧，」米蘿回答，「加入我們，讓我們看看妳在想什麼。」

結束

細看
〈聆聽火山的聲音〉

　　我們生活在一個充滿對話的世界，我們使用的語言影響
了我們的工作、與他人建立的關係、以及想要創造的未來情
境。

　　在某種層次上，我們很清楚自己如何與世界進行溝通。
畢竟，從很小的時候，甚至早在我們會開口說「媽媽」、「爸
爸」之前，我們就學著透過說話來與另一個人聯繫。在牙牙
學語的時代，小孩就很善於利用語言來得到他想要的東西，
通常比父母親還更有技巧。然而，在另一個層次上，我們卻
又太習慣於運用語言文字來塑造現實，以至於我們沒警覺到
它對我們產生的影響。語言無所不在的影響力，已到了讓我
們不知不覺的地步。

　　也許這就是為什麼我們常常會發現自己被所使用的語言

給限制住，我們所使用的語言經常會導致我們彼此分化、互相誤解，甚至在我們與工作或生活上的夥伴之間埋下衝突的導火線。我們雖然需要語言幫助完成目標，語言也會妨礙我們達成目標的能力。

今天，許多身在組織裡面的人，正在用全新的眼光來看待人們彼此互動的方式。他們開始理解到人類互動的重要事實：人們如何溝通的方式，重要性並不亞於溝通的內容，甚至遠比內容更加重要。同時，當我們改變說話及聆聽的方式時，還能創造出共享的意義、新的可能性，以及協調一致的行動。

現在，愈來愈多人使用**深度匯談**（dialogue）來代表深層的溝通，甚至深度匯談幾乎已經成了專有名詞。在組織的對話中使用這個名詞，是企圖強調彼此之間最有效的溝通方式，但是，有些人卻會將這個詞誤當成「討論」的同義字，例如「讓我們針對這個備忘錄匯談幾分鐘」。

然而，有意義的交談並不是一般性的活動，而是關於領導及學習的核心修練，深植於古老的實踐，早有待我們重新發現。當我們將這項修練工具應用在溝通上時，我們可以看出並測試對話中隱藏的假設；了解別人所運用的知識；創造

出新的選擇，並且做出讓組織發揮最佳思考的決策。再者，若能在工作場合中，經常練習有意義的交談，便能更有效地解決問題、做出決定，尤其是身處危機時。

接下來，讓我們花幾分鐘，細看「悶燒的松樹」村裡米蘿的經驗，看看可以從中獲得哪些心得。

請你反思：

1. 在故事中，人們因為沒有考慮到語言的使用方式，而在彼此之間形成障礙，未能對逼近的危機產生創造性的解決方案。在你的組織、家庭裡或文化中，是否看到類似的挑戰？

2. 回想一下，當某次交談讓你感到有所改變，也就是說，你意識到自己或周遭的世界因為你的參與，而有了正面的改變。是什麼讓這次交談如此獨特？還有，除了交談內容之外，人們的交談方式及流程，有什麼特殊的地方？

3. 為什麼這類交談不常發生？

4. 就你認為，為什麼交談這個主題，會在組織內部引起這麼多關注？是什麼動力在驅動著我們？

集體創造意義

　　人類的對話在最基本的層次上有兩種形式，第一種形式，我們都很熟悉，因為它形成了我們日常的互動：討論。

　　專家很快就能指出「討論」（discussion）這個字的字根：-cussion，是「敲打」的意思，例如 percussion（敲擊）還有 concussion（衝擊）。這是說「討論」就好像打網球，語言及意義在彼此之間打過來拍過去。「討論」也像是意義及位置在一個封閉的容器內輪流洗牌，直到有人「贏」了——也許是他的觀點勝過別人，或者是他讓其他人改變了立場。從某個角度來看，我們的討論常常像是互相獨白（就像是「悶燒的松樹」村裡廣場上的辯論），每個人都只是在輪流發表自己的看法。

　　討論不一定會產生衝突，它可能會是令人滿意的完美互動，讓我們做成決定、完成任務，並在工作、家庭及人際關係上建立起秩序。但是，儘管討論很有用，卻很少創造什麼新東西，而只是在密閉的容器內將現有的東西重新洗牌、或重新擺放。

　　第二種形式則是深度匯談，這個詞來自於希臘字——

Dialogos，源自於兩個希臘的字根，dia 的意思是「穿過」，logos 的意思是「意義」，這個詞的意思是「自由流動的意義」。深度匯談和封閉式的討論不同，它是開創性的，它是一個開放、流動的過程，每個人是以參與者而非競爭者的身分加入，隨著新的意義及自我察覺而自由地流動。

　　葛連納・傑哈（Glenna Gerard）及琳達・艾琳諾（Linda Ellinor）將討論及匯談對比如下：

討論／辯論	深度匯談
• 將議題或問題分解成幾個部分 • 看見部分之間的區別 • 判斷及辯護自己的的假設 • 說服、推銷、告知 • 在某一個意義上達成協議	• 看見部分如何整合成為整體 • 看見部分之間如何連結 • 探詢對話背後的假設（自己和他人的） • 藉由交談及探詢來學習 • 建立新的、共享的意義

摘自 *Dialogue at Work: Skills for Leveraging Collective Understanding*, by Glenna Gerard and Linda Ellinor, © 2002 Pegasus Communications

　　你會發現到，深度匯談並非可以經常拿來練習，它需要一個信任、開放及自我覺知的組織文化；一般來說，企業環境對此常是陌生的。但是，對想要尋求真誠合作以追求持久

創新的領導者來說，這種形式的交談是很有機會達成的。

深度匯談的特性

　　必須要特別說明的是，深度匯談的方式不只一種，不同的實踐者會用不同的術語，在這裡，我們會著重於兩種特性，我們稱之為「有生產力的交談」及「純匯談」。

- **有生產力的交談**是一個策略性的架構，針對特定主題和基本目的而設計，以建立共同的意義，達成高槓桿的決策（high-leverage decisions）。
- **純匯談**是一個開放且發散的流程，著重在意義的探索及發現，沒有特定主題，它的目的是在產生新的、共享的見解。

　　這兩種形式的匯談，都需要開放及信任的環境。無論如何，有生產力的交談與純匯談不同，它是在一個特定的主題上做探索。

　　許多在組織中參與深度匯談的實踐者，也會參加我們所謂的「有生產力的交談」。純匯談的形式之所以在組織中難以推展，是因為參與者得投注許多時間跟相當大的勇氣，才能釋放自己，融入意義的流動中；但是，在此過程中，卻可能會因偏離了組織迫切面對的議題，而令參與者感到沮喪。

然而，當人們深深沉浸在純匯談的自由流程中一段時間後，看到集體智慧釋放出來，學習效果大增，都會主張這樣的投資是值得的。

重點在於你在定義自己所期望的結果時，要清楚自己的目的。如果你的企圖是想建立一個能分享意義、進行集體思考的組織，而且你能召喚出所需的耐心及勇氣，那麼你就會在「純匯談」中獲得豐厚的回報。假如現在情況急迫，你需要想出各種新的、不一樣的可能性，讓你能採取行動，這時，具有策略性、焦點集中的「有生產力的交談」，應該是更合適的方向。值得一提的是，若想在關鍵時刻中產生「有生產力的交談」，得看平日組織如何有效地將匯談整合到日常的工作當中。

請你反思：

1. 思考一下在「悶燒的松樹」村廣場上的爭辯，這樣的交談有什麼壞處？又有什麼好處？

2. 在你們的組織裡，在什麼情境下，討論及爭辯會是較合適的交談形式？在什麼時機，你會採取匯談的形式？

3. 現在回想一下，米蘿和她的鄰居圍著營火進行的交談形式。在你自己的組織中有什麼壓力，使這類交談很難進

行？人們是不是對投入的效益有所質疑？

心智模式

在故事中，米蘿有一項重大發現，她的話語是與她腦袋中一些隱藏的想法相通的，不管她自己有無察覺到這些想法。我們的世界也是如此。「有生產力的交談」及「純匯談」之所以跟各式各樣的日常交談不一樣，便在於這兩種交談形式能敏感地揭露這些並非明顯易見的想法。

在 1980 年代中期及 1990 年代早期，物理學家大衛・包姆（David Bohm）寫了一系列的論文，探討在集體層次，思考是如何產生及延續的。他對於深度匯談的研究，開啟了今日這個領域的相關思考及研究。在《論深度匯談》（*On Dialogue,* Rutledge Press, 1996）中，包姆寫道：「我們的思考往往是不連貫的，並且會造成生產力無法提升，這是世界上各種問題的根源。」包姆說，思考之所以不連貫和西方文化深信思考是獨立的現象有關。也就是說，我們認為思考是私人活動，發生在我們心靈深處的孤立黑箱中。我思，故我在。

但是，我們的思考並非存在於真空當中，包姆舉例，美國印第安原住民的開放空間匯談與古希臘的公聽會，這些交

談結構都鼓勵人們不只是討論，還要超越任何個人的思考流程，產生有覺察力及智慧的團體心智。我們思考，我們也存在。

參與者必須學習「打開他們的腦袋」，也就是說，要去接近藏在腦袋裡的東西，然後與其他也這麼做的人一起分享。換句話說，我們必須促進對心智模式的集體察覺。那什麼是心智模式呢？**心智模式是深植於我們心中的各種圖像、假設與信念，包含著我們對自己、對他人、對組織及世界的看法。**

心智模式有個關鍵是，當它們隱而不見的時候，對我們的影響反而是非常巨大的；也就是說，我們經常未能意識到自己的結論、假設及信念。我們未能辨識出這些就是心智模式，而以為那是理所當然的，我們假設這些對我們來說顯而易見的結論，對其他人也是如此。於是，當其他人的信念與我們相左，或是他人的行動與我們的心智模式不同時，就會造成我們不舒服、抗拒、各據山頭、僵持不下或不著邊際。

當我們愈能意識到心智模式的存在，便愈可能承認自己的思考是有瑕疵的，或者至少會承認自己的思考只是對這個世界的偏見。當我們辨識出我們的假設，並讓它浮上檯面，

再在深度匯談中讓其他人了解時，我們便為自己、組織及社群創造了新的探索機會。如此一來，了解我們的心智模式便成了共享的活動，成員可以輪流表露，並辨識出影響我們言行的隱藏假設。

請你反思：

1. 在故事中，當米蘿第一次意識到自己隱藏的想法時，她感到不舒服。在你的經驗裡，什麼情況和她的反應類似？

2. 現在回想一下，鄰居們對米蘿公開揭露她的想法時的震驚反應。在你的文化、組織及家庭中，是什麼樣的社會屏障，讓你不敢表露想法及心智模式？

3. 在「悶燒的松樹」村裡，人們非常不容易打開他們的腦袋，接近隱藏的想法。為什麼會這麼困難？有沒有什麼方法，可以讓你更容易在團體中表露自己隱藏的想法？

4. 在你的組織或人際關係中，有哪些你堅持的信念，限制或是協助你有效地完成事情？

辯護與探詢

現在我們知道在進行各種形式的匯談時，讓心智模式浮上檯面是如此重要，那我們到底要如何做呢？讓我們進一步

了解兩個有關說話及聆聽的方法：辯護與探詢。

- **辯護**是陳述你的想法，包括描述你在想什麼、揭露你的感覺、表達你的判斷、促使行動的產生，以及給予指示。
- **探詢**是藉由問問題從他人得到資訊，它包括要求他人一步一步解釋他的想法，或是協助你察覺可能漏掉了什麼。

摘自 "Productive Conversations: Using Advocacy and Inquiry Effectively"
by Action Design, © 1998 Pegasus Communications

一些練習辯護的方針包括：

- 明確地表達你的推論，揭露你的假設，陳述你的結論，然後解釋你如何得出這些結論。
- 鼓勵他人探究你的想法，邀請他們測試你的假設，讓別人知道你思考最不清楚之處，以及你期望別人回應什麼。
- 用下列方式表達，例如：
  ──我的想法是……，我下這個結論是因為……。
  ──這是我的觀點，但我希望聽到你對此事的看法。
  ──你覺得我的推論有沒有什麼缺點？我是否遺漏了什麼？
  ──你有沒有不同的看法？

一些練習探詢的方針包括：

• 詢問他人是如何產生這樣的結論。

• 說明你探詢的理由。

• 當別人陳述的觀點與你截然不同時，要避免驟下判斷，先設法了解為什麼他會這麼想，又為何這麼說之後再下判斷。

• 用下列方式表達，例如：

——我很想了解你的結論，你是如何產生這樣的看法？

——你是看到或聽到什麼，讓你有這樣的結論？

——你這麼說的理由是？

——我這樣問的理由是……。

——你可能是對的，我希望更了解你的立場

——我真的不了解，你所說的跟我們所討論的有何關連，你能幫助我看見彼此的關連嗎？

摘自 the work of Refreshing Perspectives and their program, *Productive Conversation.*

透過辯護與探詢，我們有可能去相互學習及發現新觀點。這會花些時間，但回報是很有意義的。

學習的注腳

我們還要再談談有關深度匯談的精神。在交談的空間裡，「你如何參與」及「你是誰」，對於集體智慧的浮現是至關重要的。

你和同儕參與交談的方式，通常會反映出你所在組織的文化。在一個充滿不信任、隱藏議程及自我防衛的文化中，人們往往難以好好進行交談。就像米蘿在營火旁建立一個「反思的空間」，組織必須經常培育適合匯談發生的安全及信任環境。

一旦我們不再刻意培育這樣的環境，我們很快就會掉到一般的討論中，沒有什麼學習。在我自己與小孩、太太及同儕的交談中，我很驚訝地觀察到自己要滑出學習的軌道有多快速、多容易。當別人說話時，我總是想著「我知道他們的這種想法接下來會說什麼」。我開始公式化的反應，儘管他們還沒把話說完，我已經感到不耐煩了，因為我知道他們下一句話會說什麼，不需要等他們說完，我就已經可以下結論了。這是一項失誤，在這樣的過程中，我們沒有將精神放在學習上。

其結果很簡單：我們沒有學習。

想要改善這個情況，我們一定要練習「反思式開放」技巧，讓每個成員都能帶著下列觀念來參與：

- 這只是我現在最佳的思考，我知道還有一些現在我沒看見的東西。
- 我的層級或職位與這次的交談毫無相關，在匯談中，我與其他人平起平坐。
- 當其他人說話時，我會暫停我的判斷。
- 我可以從你們身上學到很多。
- 我期望藉由交談被改變。
- 我不希望去說服、競爭、壓倒或贏過他人。
- 我歡迎交談中出現沉默的時刻。

下一步

如同其他故事，〈聆聽火山的聲音〉並沒有提供許多工具與技巧，讓你能快速應用到匯談中。相反地，故事的結局提供你一些啟發，成為你未來持續學習的一個橋梁，這只是剛開始而已。

所以，接下來要去哪裡？

- 練習「反思式的開放」。找一些你不認同的人，然後以新的方式與他們互動，開始「承認自己的思考有誤，我的信念的確影響我與他人有效的互動」。這麼做，你便是人類中稀有的品種，一般稱為「終身學習者」。

- 多學習交談的工具及技巧。市面上有愈來愈多的文字和練習，可以加強你對這項修練的了解。在本書最後的建議閱讀清單中，你可以發現我們推薦的資源。

- 建立學習社群。在你的組織或其他生活領域中，尋找願意透過不同的交談方式來創造新可能性的人。這本書所提供的反思，也許會是一個好的開始，幫助你的團體，啟發他們對新的談話及聆聽方式的需求。

- 尋求專家的協助。在初期進行匯談時，尋求外部引導專家，尤其可以獲得很大的好處。參與一些學習社群，像是 Pegasus Communications（本故事集英文版的發行公司），或是 Society for Organizational Learning（www.solonline.org），你會找到許多專家及實踐者，可以引導你的學習之旅。

- 專注。無論如何，所有的學習要由你開始，請特別留心你與他人的交談是如何影響你所得到的結果。成為你自己思考過程的學生，當你說話、聆聽、與他人互動時，要對自

己腦袋裡的思考過程愈來愈敏感。

你希望參與深度匯談的修練嗎？首先，在你的組織裡尋找願意一起努力的夥伴，找機會 —— 自願及計畫好的皆可——練習新形式的交談。

要有勇氣、學習謙卑、把腦袋扭開、給足夠的時間，然後自然會出現一座橋！

附錄
深度匯談的應用心得

劉兆岩

深度匯談在中國人的社會中，是極難自然發生的一件事，尤其受到五千年中國傳統文化的洗禮，我們的談話模式必須背負著很深的傳統價值包袱，再披上工商社會的效率化外衣，使得彼此的溝通僅止於外表的一層糖衣，而不願觸碰有益組織健康的苦澀內涵。然而，這並不代表中國人就不適合或不需要深度匯談；相反地，在每個人的內心卻都渴望著深度溝通的發生。

身為一位組織學習的教練，我嘗試用文字把個人經歷、體驗及應用深度匯談的心得，分享給其他人，雖然我了解深度匯談其實並不適合用語言文字去描述。第一個例子是發生在我自己的身上，當我參加了 Community Building Workshop，親自體驗了深度匯談後，就將它應用在我與客戶

的溝通上。當我放棄內心的一切雜念，心如止水地傾聽對方的需求，才發現對方真正的需求在哪裡？他為什麼要對我說這些？他的情緒如何？都可以很清楚的接收到對方的訊息，而不會在話還沒聽完時就在心中下了結論，再根據這個結論打斷了對方的談話，造成不必要的誤會。也因此使我在進行各種顧問、諮詢、輔導的工作上，會更容易達到顧客的期望，讓我的服務品質有了重大的改善。

　　自此以後，我擔任深度歷匯談的引導者，在不同的組織、團體中，進行深度匯談的練習，逐漸才察覺到深度匯談的可愛之處，竟然是要同時與自己及團體交談。那種整體而不可分割的感覺，是達到此一境界的必要條件，尤其對於深度匯談的引導者，此種系統（整體）思考的能力尤其重要。當你能成為團體的一部分時，從你的口中自然會說出「魔術的詞語」，代表團體發言，而團體中的每一個人也能把你心中的話說出來，如此團體將可進入到集體思考與集體創造的過程。

　　還記得在一次深度匯談的引導過程中，竟然是從自我介紹開始，結束於自我介紹的。我從來沒有想到，原來自我介紹可以這麼富於感情，改變了我原來的假設。大家談到了成

長的歷程，談到了家庭，談到了彼此的感受，最後逐漸匯流出共同的意義，從談論深度匯談到實踐深度匯談，一群工作夥伴能談得如此深入，也間接使得工作關係更加穩固，發揮更高的工作效率。

深度匯談關係著企業或組織的知識生產力，未來企業許多的無形資產來自於員工的集體智慧，而深度匯談的歷程確實可加速此一知識資產的累積。在開發新產品或做重大的經營決策，討論企畫案之前，如能進行一次深度匯談，絕對有助於提升決策品質或產品附加價值。

有一次與一家公司的經營團隊進行深度匯談，是每次進行三小時，每週進行一次。當然，在前一、二週，大家都在談論公司的大小事情，到第三週開始有人試圖探觸到禁忌的話題，包括老板的領導風格，自己在公司的角色定位或公司未來的經營方向、各部門的配合情形等問題，衝突逐漸湧現出來。到了第四週，團隊成員開始攤開彼此的假設，並探詢這些假設的來源，結果其中兩個成員竟然發現彼此的心結來自於三年前的某一事件，訊息沒有立即傳達，爾後經過後續的發展，彼此的歧見愈來愈深，最後造成兩個部門的對立。這次匯談之後，兩個部門之間的對立開始逐漸化解，尤其在

做決策時，雖然立場不同，但卻能心平氣和地找出更好的策略。

　　深度匯談除了可促成組織成員共享意義之外，更可改善組織的互動關係，透過意義的交流、匯集，往往會促進組織深層關係的發展，重新建立良性的互動關係。在一次深度匯談的練習中，我看到了有人改善了與主管互動的模式。故事是這樣的：這位主管的領導風格是非常強勢的，所以事必躬親，也因此造成部屬不敢主動提議的互動方式。其實這位主管的內心是很希望有人能提議的，但由於領導風格所造成的刻板印象，使部屬連接近他都不敢。但在匯談的過程中，主管開始真正聆聽部屬的聲音，而部屬也回應出真正的建議，使得部屬得以實現他的理想，而主管也樂得授權。

　　由於深度匯談的結構——圍成一個圓圈（不是物理上的圓圈，而是心理上的圓圈），往往會令人自然而然去觸及內心最深處的部分，因此情緒上的激動是很自然的，也因此深度匯談往往是在歡笑中夾雜著感人的淚水，在困惑中隱藏著探索的樂趣。在我所經歷的深度匯談中，沒有一次是完全一樣的，所以對引導者來說，每次的深度匯談之旅，永遠是一次全新的嘗試，永遠是一個不斷重塑自己心智模式的過程。

要扮演好引導者的角色，我只有一個原則，就是放棄一切、放棄期待、放棄控制、放棄成見、放棄時間、放棄自己的形象、放棄責任，以一顆赤子之心，和參加深度匯談的成員一起去探索未知的群體心靈領域。在途中，有風險、有挫折，也有寶藏和美麗的風景，那全是「我們」、也是「我」要一起共享的歷程。探索集體智慧的艱巨工程，需要全體人類的共同參與，我的少許摸索經驗，如能幫助整體智慧的匯聚，那我也就心滿意足了。

　　　　　　　　（本文作者為羿白國際管理顧問公司總經理）

建議閱讀

《深度匯談：企業組織再造基石》〔*Dialogue and the Art of Thinking Together: A Pioneering Approach to Communicating in Business and in Life* by William Issacs（Doubleday, 1999）〕

《深度匯談：重新發現對話的改變力量》〔*Dialogue: Rediscover the Transforming Power of Conversation* by Linda Ellinor and Glenda Gerard（John Wiley & Sons, 1998）〕

《私下對談：了解左手欄》〔*Private Conversations: The Left-Hand Column* by Action Design（Pegasus Communications, 1998）〕

《私下對談：辯護與探詢的有效運用》〔*Private Conversations: Using Advocacy and Inquiry Effectively* by Action Design（Pegasus Communications, 1998）〕

《論 深 度 匯 談》〔*On Dialogue by David Bohm*（Rutledge Press, 1996）〕

《理想國》〔*Republic* by Plato（for some excellent examples of dialogue）〕

《另尋他方：讓未來重獲希望的簡單對話》〔*Turning to One Another: Simple Conversations to Restore Hope to the Future* by Margaret J. Wheatley（Berrett-Kohler, 2002）〕

財經企管 BCB596

五項修練的故事 | 合訂版 |
David Hutchens' Learning Fables

作者 —— 大衛‧哈欽斯 David Hutchens
插畫 —— 巴比‧龔伯特 Bobby Gombert
譯者 —— 劉兆岩、郭進隆

總編輯 —— 吳佩穎
責任編輯 —— 邱慧菁
封面設計 —— FE 設計 葉馥儀

出版者 —— 遠見天下文化出版股份有限公司
創辦人 —— 高希均、王力行
遠見‧天下文化 事業群董事長 —— 高希均
事業群發行人／CEO —— 王力行
天下文化社長 —— 林天來
天下文化總經理 —— 林芳燕
國際事務開發部兼版權中心總監 —— 潘欣
法律顧問 —— 理律法律事務所陳長文律師
著作權顧問 —— 魏啟翔律師
社址 —— 臺北市 104 松江路 93 巷 1 號
讀者服務專線 —— 02-2662-0012 | 傳真 —— 02-2662-0007；02-2662-0009
電子信箱 —— cwpc@cwgv.com.tw
直接郵撥帳號 —— 1326703-6 號　遠見天下出版股份有限公司

電腦排版 —— bear 工作室
製版廠 —— 中原造像股份有限公司
印刷廠 —— 中原造像股份有限公司
裝訂廠 —— 中原造像股份有限公司
登記證 —— 局版台業字第 2517 號
總經銷 —— 大和書報圖書股份有限公司 | 電話／(02) 8990-2588
出版日期 —— 2017 年 2 月 24 日第一版第一次印行
　　　　　　2023 年 4 月 15 日第一版第十次印行

定價 —— NT$500

國家圖書館出版品預行編目（CIP）資料

五項修練的故事 / 大衛‧哈欽斯（David
Hutchens）；巴比‧龔伯特（Bob Gombert）插
畫；劉兆岩、郭進隆譯
-- 第一版 .-- 臺北市：遠見天下文化，2017.02
416 面；14.8x21 公分 . -- （財經企管；BCB596）
合訂版
譯自：David Hutchens' Learning Fables
ISBN 978-986-479-124-8（平裝）

1. 企業領導 2. 組織管理 3. 漫畫

494.2　　　　　　　　　　　105021883

David Hutchens' Learning Fables written by David Hutchens, illustrated by Bobby Gombert
Originally published as five volumes, as follows:
Outlearning the Wolves
The Lemming Dilemma
Shadows of the Neanderthal
Tip of the Iceberg
Listening to the Volcano
Copyright © by David Hutchens
Illustrations © by Bobby Gombert
Complex Chinese Edition Copyright © 2017 by Commonwealth Publishing Co., Ltd.,
a division of Global Views — Commonwealth Publishing Group.
All Rights Reserved.

ISBN: 978-986-479-124-8
書號 —— BCB596
天下文化官網 —— bookzone.cwgv.com.tw
本書如有缺頁、破損、裝訂錯誤，請寄回本公司調換。
本書僅代表作者言論，不代表本社立場。

天下文化
BELIEVE IN READING